压缩感知理论在异常检测中的应用研究

陈善雄 著

科学出版社
北京

内 容 简 介

在网络无处不在的今天，许多行业、领域，包括个人生活都已经完全融入到网络当中。但随之而来的网络安全，却是不容忽视的关键问题。为了检测出网络中的各种异常行为，有效识别出有危害的数据访问，许多机器学习、模式识别的智能化方法被用于网络的异常检测当中。本书介绍了当前比较前沿的数据分析和处理的理论——压缩感知，并将其应用到异常检测这一重要领域。全书介绍了网络异常检测的基本框架、压缩感知理论的基本理论和数据处理算法，并融入了作者自己研究提出的新颖算法，最后完成了压缩感知理论及方法在异常检测中的应用。

本书对从事网络安全、数据挖掘、入侵检测的技术人员具有重要的参考价值，还可以作为计算机技术、信息安全等专业的研究生学习、研究的参考资料。

图书在版编目（CIP）数据

压缩感知理论在异常检测中的应用研究/陈善雄著. —北京：科学出版社，2017.5

ISBN 978-7-03-052011-1

Ⅰ. ①压… Ⅱ. ①陈… Ⅲ. ①数字信号处理–研究 Ⅳ. ①TN911.72

中国版本图书馆 CIP 数据核字（2017）第 044501 号

责任编辑：闫　悦 / 责任校对：杜子昂
责任印制：徐晓晨 / 封面设计：迷底封装

科学出版社出版
北京东黄城根北街 16 号
邮政编码：100717
http://www.sciencep.com

北京京华虎彩印刷有限公司 印刷

科学出版社发行　各地新华书店经销

*

2017 年 5 月第　一　版　开本：720 × 1000 1/16
2018 年 1 月第二次印刷　印张：8 3/4
字数：166 000

定价：56.00 元

（如有印装质量问题，我社负责调换）

前　言

当前，随着互联网的迅猛发展，网络已延伸到人类社会的各个方面。同时，信息安全，尤其是网络安全已成为一个日益严重的问题。随着网络规模的不断扩大，针对网络和计算机的攻击事件也频繁发生。这些攻击不但让人们使用网络的正当需求得不到满足，有时甚至会带来严重的后果，对网络和信息安全构成了威胁。入侵检测是信息安全的重要技术保障之一，检测技术从基于规则匹配的检测技术发展到智能检测技术，入侵检测系统的体系结构从单机发展到分布式，这些新技术无疑推动了入侵检测的发展，给网络安全问题提供了具有借鉴意义的解决方案。而近年来随着大数据处理、人工智能的发展，各种新的理论和技术被应用于入侵检测中，也极大地推动了网络安全的发展。

压缩感知是由 Donoho（美国科学院院士）、Candes（Ridgelet，Curvelet 创始人）及华裔科学家 Tao（2006 年菲尔兹奖获得者，2008 年被评为世界上最聪明的科学家）等提出的一种革命性的信息获取和处理方面的理论，其带来了全新的数据处理方式。该理论指出：对信号可以通过远低于 Nyquist 标准的方式进行欠采样，仍能够精确地恢复出原始信号。该理论一经提出，就在信息论、信号/图像处理、医疗成像、模式识别、地质勘探、光学/雷达成像、无线通信等领域受到高度关注，并被美国科技评论评为 2007 年度十大科技进展。应用该理论在网络数据的异常检测中，可以以极小的代价获取环境数据，并从压缩后的数据中判断异常行为。压缩感知理论是一种数据欠采样理论，在不完整获取数据的同时能有效地保留数据的特征信息，并能完美地还原出信息。在对于网络数据的异常检测中，如果能在数据欠采样阶段获取最具代表性的数据特征，摒弃噪声影响，这无疑将带来异常检测效率的极大提高，因此本书关注于如何通过压缩感知的理论和方法，来实现对网络数据序列的异常检测。

本书围绕压缩感知理论进行讨论和分析，并进一步把该理论相关技术应用到针对网络安全的异常检测中。全书共 7 章。第 1 章介绍网络安全相关概念和现状，以及入侵检测技术和现有产品。第 2 章对压缩感知理论进行介绍，并讨论进行压缩采样的条件，分析几种典型的测量矩阵，并对压缩感知的重构进行理论分析，给出几种重构算法。第 3 章重点研究压缩感知理论中的稀疏表示模型，给出稀疏表示的标准，并提出一种基于参数字典设计的稀疏表示方法。第 4 章针对压缩感知的重构问题，提出一种基于 CGLS 和 LSQR 的联合优化的匹配追踪算法。该算法在噪声环境下的压缩感知的重构过程表现出较好的性能。第 5 章根据压缩感知理论的稀疏约束条件，提出了一种基于 LASSO 的异常检测算法。将异常检测过程，转化为线性回归模型；并将检测参数作为回归自变量，利用 LASSO 方法建立回归自变量和应变量的参数模型，从而实现快速、准确的异常情况的判断。第 6 章将压缩感知用于数据分析和处理的整个框架，迁移到对网络的入侵检测中。该方法可以有效地降低数据处理的维度，在与同类其他检测算法精度相当的情况下，其检测时间大为缩短。第 7 章对书中提到的主要研究工作进行总结，并对后续研究工作进行了展望。

本书是作者相关研究工作的总结，其主要工作是在重庆大学读博士期间完成的。这些工作得到了国家自然科学基金项目“稀疏表达下的非负矩阵分解在入侵检测中的研究”，中国博士后基金（一等资助）“压缩感知理论下的基于时间序列的金融数据异常检测”，重庆市自然科学基金项目“无尺度网络模拟及其在信息安全中的应用”的资助。本书的出版得到了西南大学计算机与信息科学学院和科学出版社的大力支持，同时书中参考了许多学者的研究成果，在此一并表示衷心的感谢。

限于作者学识水平有限，书中可能存在不足和疏漏之处，敬请同行和读者批评指正。

陈善雄

2016 年 12 月 30 日

目　录

第 1 章 入侵检测技术概述

1.1 计算机网络安全概述

1.1.1 网络安全的内涵

随着计算机和网络技术的迅速发展和广泛普及，越来越多的企业将经营的各种业务建立在 Internet/Intranet 环境中。于是，支持 E-mail、文件共享、即时消息传送的协作服务器成为当今商业社会中极重要的 IT 基础设施。在互联网上，除了原来的电子邮件、新闻论坛等文本信息的交流与传播之外，网络电话、网络传真、静态及视频等通信技术都在不断地发展与完善。在信息化社会中，网络信息系统将在政治、军事、金融、商业、交通、电信、文教等方面发挥越来越大的作用。社会对网络信息系统的依赖也日益增强。各种各样完备的网络信息系统，使得秘密信息和财富高度集中于计算机中。另外，这些网络信息系统都依靠计算机网络接收和处理信息，实现相互间的联系和对目标的管理、控制。以网络方式获得信息和交流信息已成为现代信息社会的一个重要特征。网络正在逐步改变人们的工作方式和生活方式，成为当今社会发展的一个主题。

然而，伴随着信息产业发展而产生的互联网和网络信息的安全问题，也已成为各国政府有关部门、各大行业和企事业领导人关注的热点问题。目前，全世界由于信息系统的脆弱性而导致的经济损失逐年上升，安全问题日益严重。面对这种现实，各国政府有关部门和企业不得不重视网络的安全问题。

据报道，现在全世界平均每 20 秒就发生一次计算机网络入侵事件，而全球每年因网络安全问题造成的经济损失高达数千亿美金。现在，我们日常使用的 CD、VCD、DVD 和移动存储设备都可能携带恶性代码；E-mail、上网浏览、软件下载以及即时通信都可能被黑客利用而受到攻击；一台新计算机联网不到 15 分钟就可能被扫描到。因此，我们所处的网络环境已难以被信任。

随着全球信息高速公路的建设和发展，个人、企业乃至整个社会对信息技术的依赖程度越来越大，一旦网络系统安全受到严重威胁，不仅会对个人、企业造成不可避免的损失，严重时甚至会给企业、社会，乃至整个国家带来巨大的经济损失。因此，提高对网络安全重要性的认识，增强防范意识，强化防范措施，不仅是各个企业组织要重视的问题，也是保证信息产业持续稳定发展的重要保证和前提条件。

互联网安全问题为什么这么严重？这些安全问题是怎么产生的呢？综合技术和管理等多方面因素，我们可以归纳为四个方面。

（1）互联网的开放性。

互联网是一个开放的网络。各种硬件和软件平台的计算机系统可以通过各种媒体接入，如果不加限制，世界各地均可以访问。各种安全威胁可以不受地理限制、不受平台约束，迅速通过互联网影响到世界的每一个角落。

（2）自身的脆弱性。

互联网的自身安全缺陷是导致互联网脆弱性的根本原因。互联网的脆弱性体现在设计、实现、维护的各个环节。设计阶段，由于最初的互联网只是用于少数可信的用户群体，因此设计时没有充分考虑安全威胁，互联网和所连接的计算机系统在实现阶段也留下了大量的安全漏洞。一般认为，软件中的错误数量和软件的规模成正比，由于网络和相关软件越来越复杂，其中所包含的安全漏洞也越来越多。互联网和软件系统维护阶段的安全漏洞也是安全攻击的重要目标。尽管系统提供了某些安全机制，但是由于管理员或者用户的技术水平限制、维护管理工作量大等因素，这些安全机制并没有发挥有效作用。例如，系统的缺省安装和弱口令是大量攻击成功的原因之一。

（3）攻击的普遍性。

互联网威胁的普遍性是安全问题的另一个方面。随着互联网的发展，攻击互联网的手段也越来越简单，越来越普遍。目前攻击工具的功能越来越强，而对攻击者的知识水平要求却越来越低，因此攻击行为更为常见。

（4）管理的困难性。

管理方面的困难性也是互联网安全问题的重要原因。具体到一个企业内部的安全管理，受业务发展迅速、人员流动频繁、技术更新快等因素的影响，安全管理也非常复杂，经常出现人力投入不足、安全政策不明等现象。扩大到不同国家之间，虽然安全事件通常是不分国界的，但是安全管理却受国家、地理、政治、文化、语言等多种因素的限制。跨国界的安全事件的追踪就非常困难。

1.1.2 网络安全的定义

从本质上来讲，网络安全就是网络上的信息安全，是指网络系统的硬件、软件及其系统中的数据受到保护，不因偶然的或者恶意的原因而遭到破坏、更改、泄露，系统连续、可靠、正常地运行，网络服务不中断。网络安全涉及的内容既有技术方面的问题，也有管理方面的问题，两方面相互补充，缺一不可。技术方面主要侧重于如何防范外部非法攻击，管理方面则侧重于内部人为因素的管理。

如何更有效地保护重要的信息数据，提高计算机网络系统的安全性已经成为所有计算机网络应用必须考虑和解决的一个重要问题。

1.1.3　网络安全的特征

网络安全一般应包括以下五个基本特征。

（1）机密性。确保网络通信信息不会受到未经授权用户或实体的访问。

（2）完整性。确保只有合法用户才能对数据进行修改，即要保证非法用户无法篡改、伪造数据。

（3）可用性。确保合法用户访问时总能从服务方即时得到需要的数据。也就是确保网络节点在受到各种网络攻击时仍能为客户请求提供相应的服务。

（4）可控性。确保可以根据公司的安全策略对信息流向及行为方式进行授权控制。

（5）可审查性。确保当出现网络安全问题后能够提供调查的依据和手段。

1.1.4　网络安全的根源

面对层出不穷的网络安全问题，现在的个人或组织一般只是被动的防御，即出现问题后才会在网上找相应的补丁和应对措施，或求助于网络安全公司。这样即使能够解决当前的危机，但也不可避免对个人和组织造成了影响，而且下一次的安全问题随时都会爆发。所以对于网络安全，为了防患于未然，应首先了解网络安全的根源，然后制定相应的安全策略，做到事前主动防御、事发灵活控制、事后分析追踪。

网络不安全的根源可能存在于下列五个方面。

（1）TCP/IP 协议的安全问题。

TCP/IP 协议是进行一切互联网活动的基础，它使不同的操作系统、不同的硬件设备，以及不同的应用能够在不同的网络环境中进行自由通信。但由于 TCP/IP 协议开始实现的主要目的是用于科学研究，所以在网络通信的安全性方面考虑得很少，这也适用于当时的网络环境。但当时的开发者没有预料到互联网发展如此迅速，而 TCP/IP 协议也成了 Internet 网络通信协议的标准和基础。随着 Internet 所具有的开放性、国际性和自由性的逐步体现，TCP/IP 协议由于这种先天不足对网络安全造成的影响也逐步体现出来。所幸的是，TCP/IP 的下一个版本已充分考虑到了这个严重的问题，在 IPv6 内置了 IPSec（IP security）等网络安全机制。我们期待 IPv6 的到来，使我们的网络安全得到根本的解决。

（2）操作系统本身存在的安全问题。

不管基于桌面的、网络的操作系统，还是基于 UNIX、Windows 以及其他类型的操作系统，都不可避免地存在诸多的安全隐患，如非法存取、远程控制、缓冲区溢出以及系统后门等。这从各个操作系统厂商不断发布的安全公告以及系统补丁中可见一二。

（3）应用程序本身存在的安全问题。

应用程序配置和漏洞问题通常是恶意软件攻击或利用的目标。例如，攻击者可以通过诱使用户打开受感染电子邮件附件从而达到攻击系统或使恶意软件在整个网络上传播。而其他如 WWW 服务、即时通信、FTP 服务以及 DNS 服务等都存在不同程度的安全漏洞，只有通过及时的更新才能防止受到恶意的攻击。

（4）物理安全。

逻辑上的安全固然重要，但物理的不安全可能导致企业安全策略的失败。物理安全是保护计算机网络设备、设施以及其他媒体免遭地震、水灾、火灾等环境事故以及人为操作失误或错误及各种计算机犯罪行为导致的破坏过程。保证计算机信息系统各种设备的物理安全是整个计算机信息系统安全的前提，也是整个组织安全策略的基本元素。对于足够敏感的数据和一些关键的网络基础设施，可以在物理上和多数公司用户分开，并采用增加的身份验证技术（如智能卡登录、生物验证技术等）控制用户对其物理上的访问，从而减少安全破坏的可能性。

（5）人的因素。

对于计算机安全，最重要、最基本的起点是从涉及计算机的人员开始，即用户、系统管理员以及超级管理员。所以计算机安全最基本的问题还是人的管理。安全的最弱点是人们的粗心大意。

因人的因素造成的安全威胁很多，包括因无意失误而产生的配置不当，企业由于生存的压力重视生产而疏于安全方面的管理，系统内部人员泄露机密或外部人员通过非法手段截获企业机密信息等。

1.1.5　网络安全的关键技术

从广义上讲，计算机网络安全技术主要有以下几类。

（1）主机安全技术。

主机的安全风险是由攻击者利用主机或设备提供的服务的漏洞而引起的。主机有两大类别：客户端和服务器。有效保护客户端和服务器的安全需要权衡安全程度和可用程度。主机防御可以包括操作系统加固、增强身份验证方法、更新管理、防病毒更新和有效的审计等项目。

（2）身份认证技术。

增强的身份验证机制可降低成功攻击网络环境的可能性。许多组织仍使用用户名和密码组合来验证用户对资源的访问权限，基于密码的身份验证可能非常安全，但最为常见的是由于密码管理不善而导致的不安全。如今广泛使用的是更安全的非基于密码的机制，如 X.509 证书、基于时间的硬件标记或辅助身份验证过程（生物测定法）。可能需要结合使用不同的身份验证机制（例如，将存储在智能卡上的 X.509 证书与个人识别码（personal identification number，PIN）结合使用）以使组织具备更高级别的安全性。

（3）访问控制技术。

采用访问控制技术可以根据企业的管理策略决定哪些流量可以进入，哪些流量必须阻止。访问控制的基本元素可以是用户（组）、协议、IP 地址、端口号以及时间等。

（4）密码管理技术。

密码管理涉及建立密码策略、更改和重置密码以及将密码更改传播到连接的所有标识存储。例如，使用密码管理，用户只需一次操作即可同时更改其网络登录密码、SAP 账户凭据、电子邮件凭据和网站密码。

（5）防火墙技术。

防火墙是在一个内部可信任的私有网络和外部不可信任的网络之间建立一个检查点，在这个点上可以根据企业的安全策略控制出入的信息流，禁止一切未经允许的流量通过，从而有效地保证企业网络的安全。

（6）安全审核技术。

安全审核提供了一种监视访问管理事件和目录对象更改的手段。安全审核通常用于监视发生的问题和违反安全性的情况。在实施之前需要确定哪些类型的审核事件最为重要，需要捕获、存储和报告。

（7）安全管理技术。

企业网络安全不仅需要外部的软硬件技术的应用，还需要建立一套完善的企业安全管理策略。整个策略的基础包括组织用来满足和支持每个层的需求的策略和过程。此级别的组成部分包括安全策略、安全过程和安全教育计划。

1.2　网络中潜在的威胁

由于开放性、共享性以及各种新技术、新服务的引入，Internet 发展迅速，逐渐成为全球重要的信息传播工具。据 2004 年 6 月的不完全统计，Internet 遍及 186 个国家，容纳近 60 万个网络，提供了包括 600 个大型联网图书馆、400 个联网学术文献库、2000 种网上杂志、900 种网上新闻报纸、50 多万个 Web 网站在内的多种服务，总共近 100 万个信息源为世界各地的网民提供大量信息资源交流和共享的空间。可以说 Internet 上应有尽有，需要的任何资料只需在搜索引擎中输入关键字就可出现。但在我们享受到 Internet 带来的无穷乐趣的同时，一些别有用心的人也在通过 Internet 这个信息共享通道做起了一些非法的勾当，于是病毒、蠕虫、网络欺诈、黑客攻击等事件越来越多，网络攻击对人们心理造成的影响以及对组织造成的损失也越来越大。总的来说，网络中存在的潜在威胁主要有内部攻击、社会工程学、组织性攻击、意外的安全破坏以及自动的计算机攻击。

1.2.1　内部的攻击

虽然防火墙在企业周边网络建立起了一道安全防线，抵御了绝大多数的外部攻击，但防火墙不是万能的，它解决的只是网络安全周边网络的一部分。据报道，企业面临的各种网络攻击中，来自企业内部的攻击占到 70%～80%。所以机构面临的最大的信息安全威胁更可能是在你的办公室内。

内部攻击一般具有合法用户账号，因此有能力绕过为保护网络而设置的物理和逻辑的控制措施，获得访问大部分基础设施的权限，从而违反了为他们制定的信任规则，并在网络中从事恶意的活动，如读取限制的数据、偷窃或者破坏数据。所以在诸多的网络攻击中，内部攻击是最常见，也是对网络威胁最大的攻击。

1.2.2　社会工程学

社会工程学是利用人性的弱点或其他心理特征（如受害者本能反应、好奇心、信任、粗心大意、贪婪、同情心以及乐于助人等心理）通过欺骗的方式以获取网络信息的行为。在网络安全技术运用日渐完善的今天，这种攻击方式因其特有的优势而在近年来呈现迅速上升甚至滥用的趋势。

“网络钓鱼”是近年来社会工程学的代表应用。通常攻击者都是利用向受害者发送垃圾邮件，将受害者引导到一个与某些电子银行网站一模一样的假网站，粗心的用户在输入用户名和密码的时候也就是攻击得逞的时候。

最近出现的“鸡尾酒钓鱼术”比起“网络钓鱼”更让人防不胜防。与使用仿冒站点和假链接行骗的“网络钓鱼”不同，“鸡尾酒钓鱼术”直接利用真的银行站点行骗，即使是有经验的用户也可能会陷入骗子的陷阱。这种欺骗技术中，用户单击邮件中包含这种技术的恶意代码的链接登录到真正的网上银行站点时，站点上会出现一个类似登录框的弹出窗口，毫无戒心的用户往往会在这里输入自己的账号和密码，而这些信息就会通过计算机病毒发送到骗子指定的邮箱中。同时由于骗子利用了客户端技术，银行方面也很难发现自己的站点有异常。

1.2.3　组织性攻击

随着系统安全保护能力的增强和对网络犯罪惩罚的力度更加严厉，一种目的性更强、破坏力更大的组织性攻击进入了网络犯罪领域。这种攻击一般是由一个犯罪集团组织发起，向商业系统、金融单位、政府部门以及军事机构进行有计划、有针对性的攻击。

组织性攻击会发生在战争期间或者可能在国家之间。2006 年 6 月 28 日，以色列为解救一名被绑架的士兵，在加沙发动了猛烈的“夏雨”行动。让人意想不到的是，虽然以色列的坦克群在加沙几乎没有遇到任何像样的抵抗，但以色列却遭到了来自另一个战场上的密集袭击。据以色列新闻网报道，“夏雨”行动刚刚启动，以色列国内 750 多个网站立刻遭到了一个名为“魔鬼队”的计算机黑客组织发起的报复性攻击。该组织对 750 多个以色列公司和组织网站同时发动了大规模密集攻击，报复以军对巴勒斯坦人采取的军事行动，并在瘫痪后的以色列网站首页上打出口号：“你们杀死了巴勒斯坦人，我们杀死你们的服务商。”

组织性攻击一般也会发生在存在竞争的组织之间，为了获取商业或竞争优势，攻击者试图获取其他公司的商业机密或对它们存储在网络上的其他知识产权进行非授权访问或恶意破坏。

1.2.4　意外的安全破坏

意外的安全破坏更多地来源于人的粗心大意或一个规划拙劣的网络。例如，非故意的授权可能使一个普通用户访问到公司的受限资源。不合适的许可能导致用户无意识地阅读、修改或者删除一些重要数据。所以必须有一个设计周密的安全策略，特别是对用户和组织权限的管理和维护需要特别小心。

1.2.5　自动的计算机攻击

自动的计算机攻击无需攻击者手动控制，它会自动寻找网络中的弱点进行自动攻击，如计算机病毒、蠕虫，以及流氓软件等恶意代码程序。

计算机病毒是攻击者编写的可感染的依附性恶意代码，能够自动寻找并依附于宿主对象，它可以通过软盘、光盘、硬盘等存储介质以及网络进行自动传播。如在 2004 年出现的 WORM_MYDOOM.B 的同型变种病毒，可以通过电子邮件的方式扩散。它的攻击方式为伪装成退信或一般收信常见内容，受害者一旦开启信件或者其所带的附件后，Windows 的“记事本”程序便会自动跳出，而受害者的系统此时便已中毒。同时间病毒会自动搜集计算机中的通信簿，并通过 E-mail 大量传播。这种病毒危害性较大，不仅会入侵个人计算机窃取私密资料，而且能攻陷特定的网站，造成重大的灾情。

蠕虫是攻击者编写的可感染的独立性恶意代码，是一种与计算机病毒相仿的独立程序，可以在计算机系统中繁殖，甚至在内存、磁盘、网络中爬行，但不需要宿主对象。近年来，蠕虫所引发的安全事件此起彼伏，且有愈演愈烈之势。从 2001 年爆发的 Code Red 蠕虫、Nimda 蠕虫和“SQL 杀手”病毒，到 2003 年肆虐的“冲击波”和 2004 年的“震荡波”，以及 2006 年横行网络世界的“熊猫烧香”，无不是“蠕虫”在作怪。蠕虫病毒会感染目前主流的 Windows 2000/XP/Server 2003 系统，如果不及时预防，它们就可能在几天内快速传播、大规模感染网络，对网络安全造成严重危害！

近年来出现的流氓软件是一种不感染的独立性恶意代码。它介于计算机病毒与正规软件两者之间，同时具备正常功能（下载、媒体播放等）和恶意行为（弹广告、开后门），在未明确提示用户或未经用户许可的情况下，在用户计算机或其他终端上安装运行，从而给用户系统带来实质危害和使用上的诸多不便。

现在许多形式的恶意软件嵌入一个电子邮件引擎，以便使得恶意代码利用电子邮件以更快的速度传播，并且避免制造容易被检测到的异常活动。目前，大量的邮件群发器利用受感染系统上的后门来使用这种电子邮件引擎。所以自动的计算机攻击必将愈演愈烈，危害也将越来越大。

1.3 计算机网络安全与入侵检测

尽管对计算机安全的研究取得了很大进展，但计算机安全系统的实现和维护仍然非常困难，因为我们无法确保系统的安全性达到某一确定的安全级别。入侵者可以通过利用系统中的安全漏洞侵入系统，而这些安全漏洞主要来源于系统软件、应用软件设计上的缺陷或系统中安全策略规范设计与实现上的缺陷和不足。即使我们能够设计和实现一种极其安全的系统，但由于现有系统中大量的应用程序和数据处理对现有系统的依赖性以及配置新系统所需要的附加投资等多方面的限制，用新系统替代现有系统需付出极大的系统迁移代价，所以这种采用新的安全系统替代现有系统的方案事实上很难得到实施。另外，通过增加新功能模块对现有系统进行升级的方案却又不断地引入新的系统安全性缺陷。

入侵检测是最近十余年发展起来的一种动态的监控、预防或抵御系统入侵行为的安全机制，主要通过监控网络、系统的状态、行为以及系统的使用情况，来检测系统用户的越权使用以及系统外部的入侵者利用系统的安全缺陷对系统进行入侵的企图。和传统的预防性安全机制相比，入侵检测是一种事后处理方案，具有智能监控、实时探测、动态响应、易于配置等特点。入侵检测所需要的分析数据源仅是记录系统活动轨迹的审计数据，几乎适用于所有的计算机系统。入侵检测技术的引入，使得网络、系统的安全性得到进一步提高（例如，可检测出内部人员偶然或故意提高他们的用户权限的行为，避免系统内部人员对系统的越权使用）。显然，入侵检测是对传统计算机安全机制的一种补充，它的开发应用增大了网络与系统安全的保护纵深，成为目前动态安全工具的主要研究和开发的方向。

通常，按照检测技术划分，入侵检测有两种检测模型。

（1）异常检测。

异常检测模型检测与可接受行为之间的偏差。如果可以定义每项可接受的行为，那么每项不可接受的行为就应该是入侵。总结正常操作应该具有的特征用户轮廓，当用户活动与正常行为有重大偏离时即被认为是入侵。这种检测模型漏报率低、误报率高。因为不需要对每种入侵行为进行定义，所以能有效检测未知的入侵。

（2）误用检测。

误用检测模型检测与已知的不可接受行为之间的匹配程度。如果可以定义所有的不可接受行为，那么每种能够与之匹配的行为都会引起告警。收集非正常操作的行为特征，建立相关的特征库，当监测的用户或系统行为与库中的记录相匹配时，系统就认为这种行为是入侵。这种检测模型误报率低、漏报率高。对于已知的攻击，它可以详细、准确地报告出攻击类型，但是对未知攻击却效果有限，而且特征库必须不断更新。

按照检测对象划分有三种方式。

（1）基于主机的入侵检测。

该检测系统分析的数据是计算机操作系统的事件日志、应用程序的事件日志、系统调用、端口调用和安全审计记录。主机型入侵检测系统保护的一般是所在的主机系统，是由代理来实现的，代理是运行在目标主机上的小的可执行程序，它们与命令控制台通信。

（2）基于网络的入侵检测。

该检测系统分析的数据是网络上的数据包。网络型入侵检测系统担负着保护整个网段的任务，基于网络的入侵检测系统由遍及网络的传感器组成，传感器是一台将以太网卡置于混杂模式的计算机，用于嗅探网络上的数据包。

（3）混合型的入侵检测。

基于网络和基于主机的入侵检测系统都有不足之处，会造成防御体系的不全面，综合了基于网络和基于主机的混合型入侵检测系统既可以发现网络中的攻击信息，也可以从系统日志中发现异常情况。

1.4　网络安全模型

由于网络安全动态性的特点，网络安全防范也在动态变化过程之中，同时网络安全目标也表现为一个不断改进的、螺旋上升的动态过程。传统的以访问控制技术为核心的单点技术防范已经无法满足网络安全防范的需要，人们迫切地需要建立一定的安全指导原则以合理地组织各种网络安全防范措施，从而达到动态的网络安全目标。为了有效地将单点的安全技术有机融合成网络安全的防范体系，各种安全模型应运而生。

所谓网络安全模型，就是动态网络安全过程的抽象描述。为了达到安全防范的目标，需要建立合理的网络安全模型描述以指导网络安全工作的部署和管理。目前，在网络安全领域存有较多的网络安全模型。这些安全模型都较好地描述了网络安全的部分特征，又都有各自的侧重点，在各自不同的专业和领域都有着一定程度的应用。本节将介绍安全领域比较通用的网络安全模型，通过对安全模型的研究，了解安全动态过程的构成因素，是构建合理而实用的安全策略体系的前提之一。

1. 主体—客体访问控制模型

主体—客体访问控制模型，是网络安全领域早期使用的模型。在早期，安全人员尚未对网络安全的动态性有足够的认识，人们提出和采用的是以访问控制技术为核心的简单安全模型。随着人们对安全工作和安全过程认识的不断深入，安全人员意识到：仅仅依靠单点的访问控制安全防护并不能收到有效安全保障的效果。目前，在实际网络安全体系中，访问控制模型常常与其他安全模型相结合，指导安全技术防护措施的选择和实施，以建立有效的网络安全防护体系。

2. P2DR 模型

以安全策略为中心的 P2DR（policy，protection，detection，response）模型（图 1.1）是动态自适应网络安全模型的代表性模型，也是目前国内外在信息系统中应用最广泛的一个安全模型。根据 P2DR 模型构筑的网络安全体系，能够在统一安全策略的控制和指导下，在综合运用防护工具（如防火墙、身份认证、访问控制等）的同时，利用检测工具（如漏洞评估、入侵检测系统）了解和判断网络系统的安全状态，并通过适当的响应措施将网络系统的安全性调整到风险最低的状态。防护、检测和响应组成了一个完整的动态安全循环。

该模型是在整体的安全策略的控制和指导下，综合运用防护工具的同时，利用检测工具了解和评估系统的安全状态，通过适当的反应将系统调整到相对最安全和风险最低的状态。P2DR 强调在检测、响应、防护等环节的循环过程，通过这种循环达到保持安全水平的目的。P2DR 安全模型是整体的动态的安全模型，所以称为可适应安全模型。

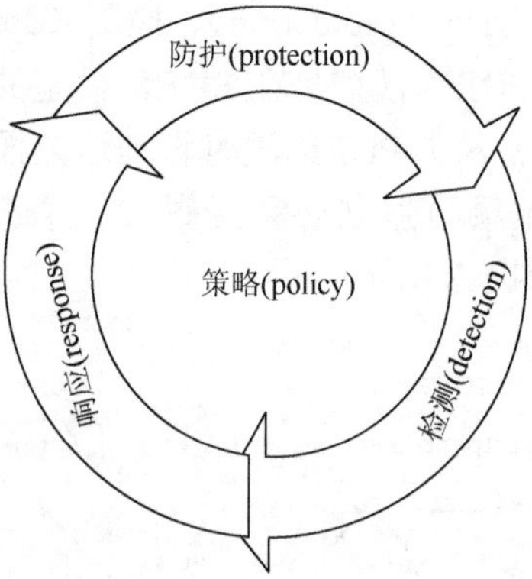

图 1.1　P2DR 动态自适应网络安全模型

3. APPDRR 模型

网络安全的动态特性在 DR 模型中得到了一定程度的体现，其中主要是通过入侵的检测和响应完成网络安全的动态防护。但 DR 模型不能描述网络安全动态螺旋上升的过程。为了使 DR 模型能够贴切地描述网络安全的本质规律，人们对 DR 模型进行了修正和补充，在此基础上提出了 APPDRR 模型。APPDRR 模型认为网络安全由风险评估（assessment）、安全策略（policy）、系统防护（protection）、动态检测（detection）、实时响应（reaction）和灾难恢复（restoration）六部分完成。

根据 APPDRR 模型，网络安全的第一个重要环节是风险评估，通过风险评估，掌握网络安全面临的风险信息，进而采取必要的处置措施，使信息组织的网络安全水平呈现动态螺旋上升的趋势。网络安全策略是 APPDRR 模型的第二个重要环节，起着承上启下的作用：一方面，安全策略应当随着风险评估的结果和安全需求的变化做相应的更新；另一方面，安全策略在整个网络安全工作中处于原则性的指导地位，其后的检测、响应诸环节都应在安全策略的基础上展开。系统防护是安全模型中的第三个环节，体现了网络安全的静态防护措施。接下来的动态检测、实时响应、灾难恢复三个环节，体现了安全动态防护和安全入侵、安全威胁“短兵相接”的对抗性特征。

APPDRR 模型还隐含了网络安全的相对性和动态螺旋上升的过程，即不存在百分之百的静态的网络安全，网络安全表现为一个不断改进的过程。通过风险评估、安全策略、系统防护、动态检测、实时响应和灾难恢复六个环节的循环流动，网络安全逐渐地得以完善和提高，从而实现保护网络资源的网络安全目标。

4. MPDRR 模型

PDRR 模型是一个最常见的具有纵深防御体系的网络安全模型。MPDRR 模型由管理（management）、防护（protection）、检测（detection）、响应（reaction）、恢复（recovery）构成。MPDRR 模型是在 PDRR 模型的基础上发展而成，它吸取了 PDRR 模型的优点，并加入了 PDRR 没有管理这方面的因素，从而将技术和管理融为一体，整个安全体系的建立必须经过安全管理进行统一协调和实施。MPDRR 网络安全模型如图 1.2 所示。

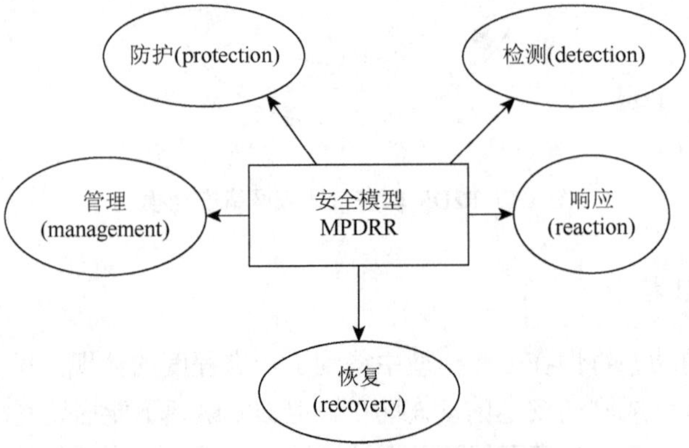

图 1.2　MPDRR 网络安全模型

下面列出了 MPDRR 安全模型的各个环节。

（1）第一环节：安全管理（M）。

安全管理包括安全策略、过程和意识，是建立任何成功安全系统的基础，其制定的安全策略是整个网络安全模型体系的指导方针，它将安全模型中的各个环节进行有机的组合和协调。安全策略的执行需要技术和管理方面共同进行，在管理方面需要制定相应的安全规章和制度，根据员工的角色定期进行安全教育，并对安全的实施过程进行严格的监控。

（2）第二环节：安全防护（P）。

安全防护是预先阻止可能发生的攻击，让攻击者无法顺利地入侵，可以减少大多数的入侵事件。除了物理层的安全保护外，还包括防火墙、用户身份认证和访问控制、防病毒、数据加密等。

（3）第三环节：安全检测（D）。

通过防护系统可以阻止大多数的入侵事件，但是它不能阻止所有的入侵。特别是那些利用新的系统和应用的缺陷以及发生在内部的攻击，防护能够起到的安全保护有限。因此 MPDRR 的第三个安全环节就是检测，即当入侵行为发生时可以及时检测出来。常用的检测工具是入侵检测系统（intrusion detection systems，IDS）。IDS 是一个硬件系统和软件程序的组合，它的功能是检测出正在发生或已经发生的入侵事件并做出相应的响应。

（4）第四环节：安全响应（R）。

MPDRR 模型中的第四个环节就是响应。响应是针对一个已知入侵事件进行的处理。在一个大规模的网络中，响应这个工作都是由一个特殊部门如计算机响应小组负责。响应的主要工作可以分为两种，即紧急响应和其他事件处理。紧急响应就是当安全事件发生时即时采取应对措施，如入侵检测系统的报警以及其与防火墙联动主动阻止连接，当然也包括通过其他方式的汇报和事故处理等。其他事件处理则主要包括咨询、培训和技术支持等。

（5）第五环节：安全恢复（R）。

没有绝对的安全，尽管我们采用了各种安全防护措施，但网络攻击以及其他灾难事件还是不可避免地发生了。恢复是 MPDRR 模型中的最后一个环节，攻击事件发生后，可以及时把系统恢复到原来或者比原来更加安全的状态。恢复可以分为系统恢复和信息恢复两个方面。系统恢复是根据检测和响应环节提供有关事件的资料进行的，它主要是修补被攻击者所利用的各种系统缺陷以及消除后门，不让黑客再次利用相同的漏洞入侵，如系统升级、软件升级和打补丁等。信息恢复指的是对丢失数据的恢复，主要是从备份和归档的数据恢复原来数据。数据丢失可能是黑客入侵造成的，也可能是系统故障、自然灾害等造成的。信息恢复过程跟数据备份过程有很大的关系，数据备份做得是否充分对信息恢复有很大的影响。在信息恢复过程中要注意信息恢复的优先级别，直接影响日常生活和工作的信息必须先恢复，这样可以提高信息恢复的效率。

5. PADIMEE 模型

P2DR 安全模型和 APPDRR 安全模型都是偏重于理论研究的描述型安全模型。在实际应用中，安全人员往往需要的是偏重于安全生命周期和工程实施的工程安全模型，从而能够给予网络安全工作以直接的指导。PADIMEE 模型是较为常用的一个工程安全模型，PADIMEE 模型包含以下几个主要部分：安全策略（policy）、安全评估（assessment）、设计/方案（design）、实施/实现（implementation）、管理/监控（management/monitor）、紧急响应（emergency response）和安全教育（education）。

根据 PADIMEE 模型，网络安全需求主要在以下几个方面得以体现。

（1）制定网络安全策略反映了组织的总体网络安全需求。

（2）通过网络安全评估，提出网络安全需求，从而更加合理、有效地组织网络安全工作。

（3）在新系统、新项目的设计和实现中，应该充分地分析可能引致的网络安全需求并采取相应的措施，在这一阶段开始网络安全工作，往往能够收到“事半功倍”的效果。

（4）管理/监控也是网络安全实现的重要环节。其中既包括了 P2DR 安全模型和 APPDRR 安全模型中的动态检测内容，也涵盖了安全管理的要素。通过管理/监控环节，并辅以必要的静态安全防护措施，可以满足特定的网络安全需求，从而使既定的网络安全目标得以实现。

（5）紧急响应是网络安全的最后一道防线。由于网络安全的相对性，采取的所有安全措施实际上都是将安全工作的收益（以可能导致的损失来计量）和采取安全措施的成本相配比进行选择、决策的结果。基于这样的考虑，在网络安全工程实现模型中设置一道这样的最后防线有着极为重要的意义。通过合理地选择紧急响应措施，可以做到以最小的代价换取最大的收益，从而减弱乃至消除安全事件的不利影响，有助于实现信息组织的网络安全目标。

1.5　典型的入侵检测产品

IDS 检查所有进入和发出的网络活动，并能确认某种可疑模式，IDS 利用这种模式能够指明那些试图进入某网络的攻击。入侵检测系统与防火墙不同，主要在于防火墙关注入侵是为了阻止其发生。防火墙限制网络之间的访问，目的在于防止入侵，但并不对来自网络内部的攻击发出警报信号。而 IDS 却可以在入侵发生时，评估可疑的入侵并发出警告，而且 IDS 还可以观察源自系统内部的攻击。从这个意义上来讲，IDS 可能安全工作做得更全面。这里介绍几个著名的入侵检测系统。

1. Snort

Snort 是一个几乎人人都喜爱的开源 IDS，它采用灵活的基于规则的语言来描述通信，将签名、协议和不正常行为的检测方法结合起来。其更新速度极快，成为全球部署最为广泛的入侵检测技术，并成为防御技术的标准。通过协议分析、内容查找和各种各样的预处理程序，Snort 可以检测成千上万的蠕虫、利用漏洞的企图、端口扫描和各种可疑行为。在这里要注意，用户需要检查免费的 BASE 来分析 Snort 的警告。

Snort 是被设计用来填补昂贵的、探测繁重的网络入侵情况的系统留下的空缺。Snort 是一个免费的、跨平台的软件包，用作监视小型 TCP/IP 网的嗅探器、日志记录、侵入探测器。它可以运行在 Linux/UNIX 和 Win32 系统上，只需要几分钟就可以安装好并开始使用。Snort 的功能如下。

（1）实时通信分析和信息包记录。

（2）包装有效载荷检查。

（3）协议分析和内容查询匹配。

（4）探测缓冲溢出、秘密端口扫描、CGI 攻击、SMB 探测、操作系统入侵尝试。

（5）对系统日志、指定文件、UNIX Socket 或通过 Samba 的 WinPopus 进行实时报警。

Snort 有三种主要模式：信息包嗅探器、信息包记录器或成熟的入侵探测系统。遵循开发/自由软件最重要的惯例，Snort 支持各种形式的插件、扩充和定制，包括数据库或是 XML 记录、小帧探测和统计的异常探测等。信息包有效载荷探测是 Snort 最有用的一个特点，这就意味着很多额外种类的敌对行为可以被探测到。

2. OSSEC HIDS

OSSEC HIDS 是一个基于主机的开源入侵检测系统，它可以执行日志分析、完整性检查、Windows 注册表监视、Rootkit 检测、实时警告以及动态的适时响应。除了具有 IDS 的功能之外，它通常还可以被用作一个 SEM/SIM 解决方案。因为其强大的日志分析引擎，互联网供应商、大学和数据中心都乐意运行 OSSEC HIDS，以监视和分析其防火墙、IDS、Web 服务器和身份验证日志。

作为一款 HIDS，OSSEC 应该被安装在一台实施监控的系统中。另外有时候不需要安装完全版本的 OSSEC，如果有多台计算机都安装了 OSSEC，那么就可以采用客户端/服务器模式来运行，客户机通过客户端程序将数据发回到服务器端进行分析。在一台计算机上对多个系统进行监控对于企业或者家庭用户来说都是相当经济实用的。OSSEC 最大的优势在于它几乎可以运行在任何一种操作系统上，如 Windows，Linux，OpenBSD/FreeBSD，以及 MacOS。不过运行在 Windows 上的客户端无法实现 Rootkit 检测，而运行在其他系统上的客户端都没有问题。

3. Fragroute/Fragrouter

Fragroute/Fragrouter 是一个能够逃避网络入侵检测的工具箱，这是一个自分段的路由程序，它能够截获、修改并重写发往一台特定主机的通信，可以实施多种攻击，如插入、逃避、拒绝服务攻击等。它拥有一套简单的规则集，可以对发往某一台特定主机的数据包延迟发送，或复制、丢弃、分段、重叠、打印、记录、源路由跟踪等。严格来讲，这个工具是用于协助测试网络入侵检测系统的，也可以协助测试防火墙及基本的 TCP/IP 堆栈行为，不要滥用。

4. BASE

BASE 又称基本的分析和安全引擎，BASE 是一个基于 PHP 的分析引擎，它可以搜索、处理由各种各样的 IDS、防火墙、网络监视工具所生成的安全事件数据。其特性包括一个查询生成器并查找接口，这种接口能够发现不同匹配模式的警告，还包括一个数据包查看器/解码器，基于时间、签名、协议、IP 地址的统计图表等。

5. Sguil

Sguil 是一款被称为网络安全专家监视网络活动的控制台工具，它可以用于网络安全分析。其主要部件是一个直观的 GUI 界面，可以从 Snort+Barnyard 提供实时的事件活动，还可借助于其他的部件，实现网络安全监视活动和 IDS 警告的事件驱动分析。

6. Nampp

Nampp 被开发用于允许系统管理员查看一个大的网络系统有哪些主机以及其上运行何种服务。它支持多种协议的扫描，如 UDP 扫描、TCP connect 扫描、TCP SYN 扫描（half open）、FTP proxy 扫描（bounce attack）、Reverse-ident 扫描、ICMP sweep、FIN 扫描、ACK sweep、Xmas tree 扫描、SYN sweep 和 NULL 扫描。

7. Tripwire

Tripwire 是一款入侵检测和数据完整性的产品，它允许用户构建一个表现最优设置的基本服务器状态。它并不能阻止损害事件的发生，但它能够将目前的状态与理想的状态相比较，以决定是否发生了任何意外的或故意的改变。如果检测到了任何变化，就会被降到运行障碍最少的状态。

1.6　入侵检测系统的构成

IDS 具有发现入侵行为，同时根据入侵的特性采取相应动作的功能。入侵检测是指发现未经授权非法使用计算机系统的个体，或合法访问系统但滥用了他们使用权限的个体[1]。IDS 本身是一种计算机程序，它负责对入侵行为进行检测，对滥用或异常情况进行检测，或者是二者技术的复合体。在过去的 20 年里，特别是最近的 5 年里，大量的研究关注于提供一个有效的 IDS 设计和构造。这种研究对在重要领域提出最新型的系统起了重要的作用，但是仍然有许多重要的问题需要解决。随着信息攻击战的演变，入侵者的行为也越来越隐秘。计算机紧急响应组（computer emergency response team，CERT）的报告表明，每年计算机安全事件都以非常大的数量增长[2]，更加隐秘的计算机攻击的威胁变得严重，但入侵检测和响应系统却发展缓慢。

1.6.1　入侵检测模型

1987 年，Denning 提出了入侵检测的模型[3]（图 1.3），首次将入侵检测作为一种计算机安全防御措施。该模型包括 6 个主要的部分。

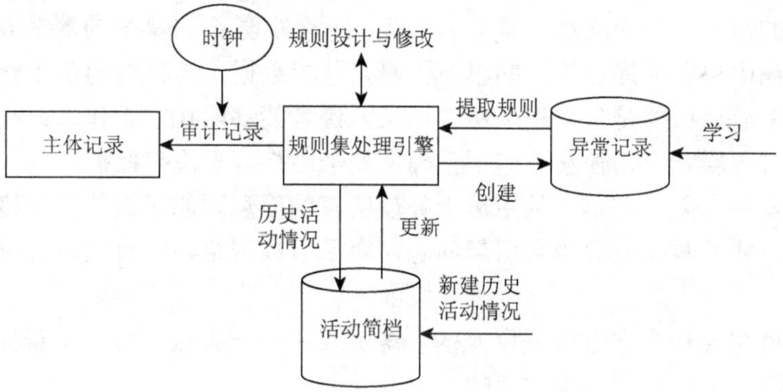

图 1.3　Denning 模型

（1）主体（subject）：在目标系统上活动的实体，通常指用户。

（2）对象（object）：指资源，由系统文件、设备、命令等占有。

（3）审计记录（audit records）：由〈subject，action，object，exception-condition，resource-usage，time-stamp〉构成的六元组。活动（action）是主体对对象的操作，对操作系统而言，这些操作包括登录、退出、读、写、执行等；异常条件（exception-condition）是指系统对主体的异常活动的报告，如违反系统读写权限；资源使用（resource-usage）情况指的是系统的资源消耗情况；时间戳（time-stamp）指活动发生时间。

（4）活动档案（active profile）：系统的正常行为模型，保存系统正常活动的相关信息。

（5）异常记录（anomaly）：由〈event，time-stamp，profile〉组成，表示异常事件的发生情况。

（6）活动规则（activity rule）：一组根据产生的异常记录来判断入侵是否发生的规则集合。一般采用系统的正常活动模型为准则，根据专家系统或统计方法对审计记录进行分析和处理，如果确实发生入侵，将进行相应的处理。

继 Denning 于 1987 年提出上述通用的入侵检测模型后，IEES 和它的后继版本 NIDES[4]都基于 Denning 模型，早期的入侵检测系统多采用 Denning 模型来实现。

1.6.2 IDS 的体系结构

目前，基于网络和基于主机的 IDS[4, 5]都是通过使用单一结构来采集和分析数据。在这些 IDS 中，通过单一主机来采集数据、审计追踪或监视网络的数据包。分析是通过使用不同技术的单一组件进行的。其他的 IDS[6, 7]通过使用分布在被监视主机上的组件来分布式地采集数据（和一些预处理）。采集来的数据被汇总到中央单元，在中央单元通过统一的单一引擎来分析数据。这种结构存在一些问题。

（1）中心分析器是失败的关键。如果入侵者能够阻止它工作，或在同一主机上的其他进程影响它，使它工作不正确，整个网络等于没有保护。

（2）规模有限。在单一的主机上处理所有的信息限制了被监视网络的规模。此外，分布式的数据收集也会引起问题，容易造成网络在短时间内有过量的数据传输。

（3）再配置和增强 IDS 是困难的。增加表单的一条或安装一个新的组件通常是通过编辑一个配置文件来实现的。

（4）网络数据的分析可能被中断，在一个主机上收集数据也给入侵者提供了空隙和逃避攻击的机会[8]。随着基于网络的攻击变得更加普遍和隐秘，IDS 也把它的焦点从主机和其上的操作系统转移到网络上来。基于网络的入侵检测是富有挑战性的，因为网络审计将产生大量的数据，和一个单一的入侵行为相关联的不同事件在网络上不同的地点都是可见的。分布式入侵检测事实上是随着被监视系统的发展而发展的，IDS 也相应地扩大了规模[9]。当前，大多数 IDS[10, 11]被设计成分布式收集和分析信息的系统。使用的系统结构类似于图 1.4。

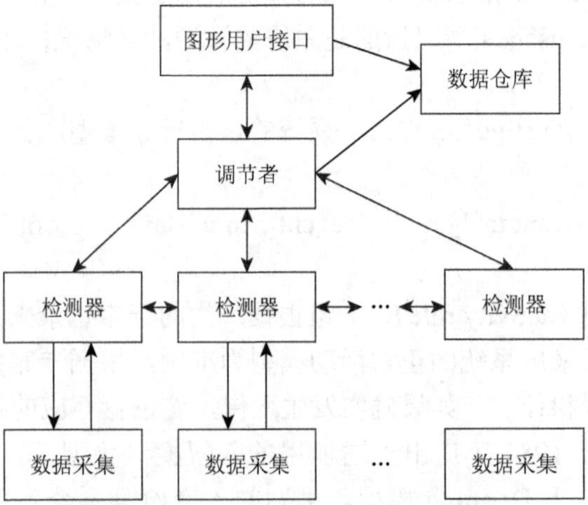

图 1.4　入侵检测系统的体系结构

分布式的数据采集器处理的数据来源于在系统上的日志文件、网络协议监视器、系统活动监视器；在数据采集器上面的检测器构成入侵检测的第一层，检测器也负责数据的传送。在顶层，结合从下层来的知识和数据，调节者维持着数据仓库。调节者使用一些方法（数据挖掘算法、专家系统等）来发现相关模式。因为数据仓库提供了一个全局暂时的知识和被监视的分布式系统的活动性，这个系统帮助系统管理者精确地定点和防御入侵。

IDS 的用户接口能够控制数据采集器、检测器和调节者的操作，并且显示当前系统的状态。用户接口也提供对数据仓库查询等操作。

大多数的 IDS 提供了配置系统的权限等级，允许专业的使用者根据给出的环境自定义系统。关于用户接口的一些基本问题如下所示。

（1）IDS 需要提供什么数据来给用户一个清晰的系统图？

（2）怎样高效、可靠和持续地给用户提供信息？

（3）怎样以一种有效的方式来提供信息？接口必须以详细的方式多级别提供给用户，在某种程度上尽可能地容易使用。

（4）怎样使接口反应灵敏？用户希望能够立刻看到改变所产生的效果和当一些感兴趣的事情发生时能够立刻被告知。

（5）怎样保持良好的状态，给用户提供有意义的信息？

对于大多数系统来说，用户接口问题还没有进行详细的研究，它将是未来的工作方向。除了上面提到的特点，IDS 还有许多特点需要考虑。

（1）检测消耗的时间。有两个主要的流派：①检测入侵以一种实时或接近于实时的方式进行[5, 6, 12]；②数据处理有一定的延迟，即延迟检测（非实时）[13]。当前 IDS 的发展趋势是提供一种实时的攻击检测方式。在实时的 IDS 中，检测消耗延迟的具体数值是非常重要的。例如，DoS 攻击中，在极短的时间内，通常会产生大量的数据通信。入侵者使用 DoS 攻击，首先使 IDS 超载，利用检测的延迟作为快速实现他们攻击目的的机会，他们能够夺取操作系统的控制权，杀死 IDS。

（2）审计数据源。两个主要的审计数据源是基于网络的数据和基于主机的数据。后者包括操作系统核心日志、应用日志、网络设备（路由器和防火墙等）日志等。

（3）入侵检测的响应（被动和主动）。被动系统[14-16]的响应主要是向管理者报警，它们并不竭尽全力来减少威胁，或主动去阻挡入侵者；主动系统[6, 9]对被攻击的系统或正受攻击的系统行使控制权，切断被怀疑入侵的网络连接，阻塞可疑系统的调用，中断相关的进程。当前大多数 IDS 使用被动的方法来对付攻击，但 IDS 的趋势是采用主动的方法来解决攻击问题。

（4）安全。IDS 自身抵抗对其恶意攻击的能力。这个领域研究很少，仅有一个系统[17]提供了很高的自身抵抗恶意攻击能力，其他系统很少考虑这个问题。IDS的趋势是提供很高的自身抵抗恶意攻击的能力。

（5）互操作性。系统能和其他的IDS一起操作，接收来自不同数据源的数据。许多IDS的互操作性是很弱的，只有很少的几个系统[6, 14, 18]具有很好的互操作性。

事实上，当前没有一个系统具有上面提到的所有特征。IDS的发展趋势应该是尽可能多地具有上面提到的特性。另外，对IDS提高自身安全的研究兴趣也在增强，也有提高互操作性研究的趋势，同时在过去几年，商业对于入侵检测的兴趣也得到了提高。

第 2 章　压缩感知理论基础

尽管信号稀疏表示和基于 L1 范数的稀疏重构理论可以追溯至 1965 年 Logan[19]、1986 年 Santosa 和 Symes[20]以及 Donoho 和 Stark 在 1989 年所做的相关研究工作[21]。但目前普遍认为真正意义上提出压缩感知（compressive sensing，CS）概念，并建立相关理论基础的是由 Candes、Romberg、Tao 和 Donoho 在 2006 年发表的一系列研究成果[22-24]。这些论文以及后续研究在近几年极大地促进了压缩感知理论的发展，并引起了世界范围的广泛关注[25-29]。

简单来说，压缩感知理论就是以低于 Nyquist 的采样频率去获取有意义的信息，这对那些利用 Nyquist 的采样方法难于处理的高频信号尤为有效。从这个角度来看，压缩感知理论从根本上改变了传统的信号采样方式。尽管压缩感知理论不是目前唯一的数据采样技术，但它在以下应用环境中表现出了优异的性能。

（1）由于环境和测量代价，传感器的数量受到一定限制。

（2）对数据的测量代价非常高的情况，如中子散射的成像。

（3）数据的采集过程比较慢，只能获取少量的样本数据。

（4）在一些应用中，由于按照 Nyquist 理论进行采样导致采样频率太高而无法实施。例如，当前模数转换的极限频率为 1GHz，高于这个频率就不能保证模拟信号向数字信号转换的正确性。

在压缩感知理论体系中，两个最关键的概念就是稀疏度和不相干性。Candes 和 Waikn 特别研究了稀疏度原则[30]。

（1）稀疏度表达了这样一种观点，即连续时间信号的信息速率是小于其信号带宽的。

（2）离散时间信号的自由度小于其信号的长度。

（3）许多自然信号是可以通过稀疏基或者稀疏字典进行稀疏表示或者压缩表示。

Candes 和 Romberg[28]，Candes 和 Wakin[30]解释了感知系统 $\boldsymbol{\Phi}$ 与稀疏字典 $\boldsymbol{D}$ 的不相干的概念，即 $\boldsymbol{\Phi}$ 的一些列可以嵌入到 $\boldsymbol{D}$ 域中去，类似在时间域表示的信号可以在频率域进行表示。从这个意义上说，不相干扩展了时间与频率之间的二元性。

2.1　压缩感知基本理论

压缩感知理论主要包括稀疏表示、编码测量和重构算法三个方面[31]。信号的稀疏表示就是将信号投影到正交变换基时，绝大部分变换系数的绝对值很小，所得到的变换向量是稀疏或者近似稀疏的，可以将其看作原始信号的一种简洁表达[32]，这是压缩感知的先决条件，即信号必须在某种变换下可以稀疏表示。通常稀疏基可以根据信号本身的特点灵活选取，常用的有离散余弦变换（discrete cosine transform，DCT）基[33]、离散傅里叶变换（discrete Fourier transform，DFT）基[34]、离散小波变换（discrete wavelet transform，DWT）基[35]、Curvelet 基[36]、Gabor 基[37]以及冗余字典[38, 39]等。在编码测量中，首先选择稳定的投影矩阵，为了确保信号的线性投影能够保持信号的原结构，投影矩阵必须满足约束等距性（restricted isometry property，RIP）条件[28]，然后通过原始信号与测量矩阵的乘积获得原始信号的线性投影测量。最后在重构阶段，运用重构算法获得测量值及投影矩阵重构的原始信号。信号的重构过程一般转换为求解一个最小 L0 范数的优化问题，求解方法主要有：把 L0 范数松弛到最小 L1 范数的优化求解[22]、匹配追踪系列算法[40, 41]、最小全变分方法[42]、迭代阈值算法[43]等。

一个离散的信号如果只有 k 个非零元素，则该信号被认为是 k 稀疏的。这里考虑一个非稀疏的离散信号 $\boldsymbol{u}$，但是该信号可以在一个恰当的稀疏基 $\boldsymbol{\Psi}\in\mathbf{R}^{N\times N}$ 下得到其稀疏或者是近稀疏的表示：

$$\boldsymbol{u}=\boldsymbol{\Psi}\boldsymbol{x} \tag{2.1}$$

式中，$\boldsymbol{x}$ 是信号 $\boldsymbol{u}$ 的稀疏或近稀疏的表示形式。压缩感知理论下对离散信号进行采样的过程可以描述为：一个长度为 N 的信号 $\boldsymbol{u}$ 在感知矩阵 $\boldsymbol{\Phi}\{\boldsymbol{\Phi}_i, i=1,2,\cdots,M\}$ 上的 M 次投影，就可以得到其信号的压缩采样形式。其表达式为 $\boldsymbol{y}_i=\boldsymbol{\Phi}_i^{\mathrm{T}}\boldsymbol{u}_i$，$i=1, 2, \cdots, M$。为了提高采样效率，采样次数应尽量小，通常 $M<N$。可以看出 $\boldsymbol{y}$ 的长度小于 $\boldsymbol{u}$ 的长度，因此称为压缩感知。与传统数据采集—压缩—传输—解压的方式不同，压缩感知理论不需要获取完备的信号和高分辨率的图像，而是仅仅采集最能代表数据特征的那些信息，这样很大程度上节约了存储空间，降低了传输代价。压缩感知与传统的数据采样方式的最大区别在于，压缩感知实现了在数据采集过程中的压缩，在后期使用时再进行重构；而传统的方式是先采集完备的数据信息，然后为了存储和传输的需要再进行压缩。因此压缩感知理论用于数据获取是一种欠采样方式，可以以低于 Nyquist 的速率获取信息。压缩感知数学模型表示如下。

对于信号 $\boldsymbol{u}\in\mathbf{R}^{N\times 1}$，找到一个线性测量矩阵 $\boldsymbol{\Phi}\in\mathbf{R}^{M\times N}$（$M<N$）进行投影运算：

$$\boldsymbol{y}=\boldsymbol{\Phi}\boldsymbol{u} \tag{2.2}$$

式中，$\boldsymbol{\Phi}=\begin{bmatrix}\boldsymbol{\Phi}_1^{\mathrm{T}}\\ \boldsymbol{\Phi}_2^{\mathrm{T}}\\ \vdots\\ \boldsymbol{\Phi}_M^{\mathrm{T}}\end{bmatrix}$，$\boldsymbol{x}=\begin{bmatrix}\boldsymbol{u}_1\\ \boldsymbol{u}_2\\ \vdots\\ \boldsymbol{u}_N\end{bmatrix}$，$\boldsymbol{y}=\begin{bmatrix}\boldsymbol{y}_1\\ \boldsymbol{y}_2\\ \vdots\\ \boldsymbol{y}_M\end{bmatrix}$。

$\boldsymbol{y}$ 为采集到的信号。现在问题的关键是要由信号 $\boldsymbol{y}$ 恢复出 $\boldsymbol{u}$，由于 $\boldsymbol{\Phi}$ 不是一个方阵（$M<N$），这就涉及解一个欠定方程的问题，而这样求解出的 $\boldsymbol{u}$ 可以有多组解。而压缩感知理论表明在满足特定条件下，$\boldsymbol{u}$ 是存在唯一解的，而这唯一的解就是通过压缩采样得到的 $\boldsymbol{y}$ 利用恢复算法进行重构得到的。

式（2.2）给出的是信号的采样方式。而压缩感知理论表明，进行式（2.2）的求解必须确保 $\boldsymbol{x}$ 的稀疏约束，进而可以通过 L0 范数最小化问题求解，即

$$\hat{x} = \arg\min \| \boldsymbol{x} \|_0, \quad \text{s.t. } \boldsymbol{y} = \boldsymbol{\Phi}\boldsymbol{\Psi}\boldsymbol{x} = \boldsymbol{\Theta}\boldsymbol{x} \tag{2.3}$$

在实际环境下，绝大部分信号是非稀疏的。现有的理论表明将信号投影到正交变换基时，绝大部分变换系数的绝对值很小，所得到的变换向量是稀疏或者近似稀疏的，可以将其看作原始信号的一种简洁表达[32]，这是压缩传感的先验条件，即信号必须在某种变换下可以稀疏表示。因此可以建立稀疏变换基 $\boldsymbol{\Psi}$，根据式（2.1）完成非稀疏信号的稀疏表示。因此信号 $\boldsymbol{u}$ 的压缩采样可以描述为：通过式（2.2）对信号 $\boldsymbol{u}$ 进行压缩采样得到 $\boldsymbol{y}$，之后根据式（2.3）得到稀疏解 $\boldsymbol{x}$，最后利用 $\boldsymbol{x}$ 根据式（2.4）进行稀疏反变换重构出信号 $\boldsymbol{u}$。

$$\boldsymbol{y} = \boldsymbol{\Phi}\boldsymbol{\Psi}\boldsymbol{x} = \boldsymbol{\Theta}\boldsymbol{x} \tag{2.4}$$

式中，$\boldsymbol{\Theta} = \boldsymbol{\Phi}\boldsymbol{\Psi}$，这仍然是一个欠定方程，但在一定约束条件下可以通过 $\boldsymbol{y}$ 求出 $\boldsymbol{x}$，当然如果信号本身是稀疏的，则不需要稀疏变换，这时 $\boldsymbol{\Theta} = \boldsymbol{\Phi}$。为了确保投影是有意义的，假定投影矢量 $\boldsymbol{x}$ 的长度是固定的，因此对于式（2.2）的信号采集模型有两个问题需要考虑。

（1）如何构建感知矩阵 $\boldsymbol{\Phi}$ 的结构来适应对信号的压缩采样。

（2）进行多少次测量对于信号重构是合适的，即 $M\{y_i, i=1,2,\cdots,M\}$ 的取值如何选择才能在后期的重构算法中有效地还原信号。

为了进一步分析这两个问题，这里提出一个关键的概念，就是用于压缩采样的感知矩阵 $\boldsymbol{\Phi}$ 和稀疏变换系统 $\boldsymbol{\Psi}$ 之间的相干性。

2.2　稀疏度与相干性

2.2.1　稀疏模式

信号通常能够在一个已知的基或者字典下，用一些少量的特征元素按照线性叠加的方式进行表示。如果这些表示是精确的，则该信号是可以稀疏化的。信号的稀疏模式提供了一种数学框架。在这种框架下，一个高维信号可以通过低维的数据采样而获得，而不会损失其数据本身的信息。稀疏表示模式实际上是奥卡姆剃刀定律的典型实例，即当一个信号可以有多种方式来表示时，最简洁的方式就是最好的。

数学上，一个离散信号 $\boldsymbol{x}$ 被称为是 k 稀疏的，当且仅当该信号最多有 k 个非零值，即 $\|\boldsymbol{x}\|_0 \leqslant k$，$\Sigma_k = \{\boldsymbol{x}: \|\boldsymbol{x}\|_0 \leqslant k\}$，其表示 k 阶稀疏信号集合。一般情况下，信号本身不是稀疏的，但可以通过稀疏基或者稀疏字典 $\boldsymbol{\Phi}$ 对信号进行稀疏化，即对于非稀疏的信号 $\boldsymbol{u}$，可以通过 $\boldsymbol{x} = \boldsymbol{\Phi u}$ 的变换，得到 $\boldsymbol{u}$ 的稀疏表示 $\boldsymbol{x}$（$\|\boldsymbol{x}\|_0 \leqslant k$）。

在过去几十年中，稀疏模式用于信号处理和渐近性理论取得了一定的成果[44-46]，在压缩、降噪以及统计学习理论等方面作为一种方法进行研究，能有效避免数据的过拟合[47]。同时稀疏模式在统计评估理论、模式选择方面表现出优异的性能[48]。例如，在人类目视系统学习中图像处理负担较重，通过多尺度小波变换可以转换自然图像为稀疏的表示形式，且这种转换是可逆的，即不会损害图像的特征信息，而数据量的减少带来了处理速度的极大提高。

作为稀疏模式的一种典型应用，图像压缩和图像降噪技术是比较典型的应用。大多数自然图像通过对平滑或者有结构的纹理区域或较少的尖锐边缘进行特征提取是可以用少量数据来表示的。而通常结构化的信号可以通过多尺度小波变换进行稀疏表示[49]。小波变换递归地把图像分解为低频和高频部分，低频部分给出了图像大致的轮廓描述，而高频部分给出了图像的细节。对于图像小波变换而言，变换得到较大的系数是比较少的，因此可以设定较小的变换系数为零（不会影响图像还原回去的画质），以此来得到图像的稀疏表示。通常使用 Lp 范数来度量进行稀疏化表示图像和原图像之间的差异，通过选择合适的变换模型得到信号或者图像最佳的稀疏表示，即该 k 阶稀疏元素集合是原信号或者图像的最稀疏表示。

由于信号的稀疏表示在一定程度上依赖于信号本身的结构化特征，因此信号的稀疏化是一个非线性的过程。也就是说对于同一种变换，不同的信号得到的稀疏程度是不一样的。同样以小波变换为例，对图像进行小波变换可以得到其 k 阶的稀疏表示，但对于噪声而言，其结构化特征比较弱，是很难用较少的系数来表示的，即噪声是难以稀疏化的，因此可以利用这一原理完成图像的去噪。

2.2.2　稀疏信号的几何模型

由于选择不同稀疏字典元素能够产生不同的稀疏信号表示，因此稀疏化是一种高度的非线性过程。对于两个 k 阶稀疏的信号，由于各自的支持集不重叠，它们的线性叠加一般不再是 k 阶稀疏的。即对于 k 阶稀疏信号 $\boldsymbol{x}, \boldsymbol{z}$（$\boldsymbol{x}, \boldsymbol{z} \in \Sigma_k$），不存在 $\boldsymbol{x} + \boldsymbol{z} \in \Sigma_k$（尽管 $\boldsymbol{x} + \boldsymbol{z} \in \Sigma_{2k}$），图 2.1 展示了所有 2 阶稀疏的信号在三维空间的可能表示模式。

k 阶稀疏信号的所有可能空间表示集合是不能构成一个线性空间的，但可以由所有可能的 C_n^k 个子空间集合构成。在图 2.1 中存在 C_3^2 个子空间。但是对

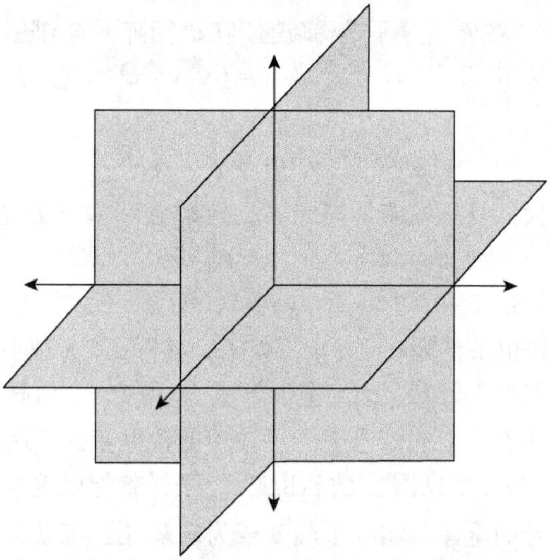

图 2.1　三维空间下的 2 阶稀疏表示

于 n 和 k 较大的情况，其子空间数目也比较大，搜索所有子空间，寻找最稀疏的表示计算量太大，几乎是不可能的。因此在这些子空间中求最稀疏解的算法有着重要的作用，在后续章节中，将介绍求解近似稀疏的算法，即稀疏重构算法。

2.2.3　相干性

假定 $\boldsymbol{\Phi} \in \mathbf{R}^{M \times N}, \boldsymbol{\Psi} \in \mathbf{R}^{N \times N}$ 是正交基，即 $\boldsymbol{\Phi}\boldsymbol{\Phi}^{\mathrm{H}} = \boldsymbol{I}$，$\boldsymbol{\Psi}\boldsymbol{\Psi}^{\mathrm{H}} = \boldsymbol{I}$，其中 $\boldsymbol{\Phi}$ 作为测量矩阵，$\boldsymbol{\Psi}$ 为稀疏变换矩阵，用于信号的稀疏表示。令 $\boldsymbol{\Theta} = \boldsymbol{\Phi}\boldsymbol{\Psi}$，$\boldsymbol{\Phi}$ 与 $\boldsymbol{\Psi}$ 的相干性定义为[28, 50]

$$\mu(\boldsymbol{\Phi}, \boldsymbol{\Psi}) = \max_{1 \leqslant i, j \leqslant n} \left| \left\langle \boldsymbol{\Phi}_i, \boldsymbol{\Psi}_j \right\rangle \right| \tag{2.5}$$

式中，$\boldsymbol{\Phi}_i, \boldsymbol{\Psi}_j$ 分别表示正交矩阵 $\boldsymbol{\Phi}, \boldsymbol{\Psi}$ 的行向量和列向量，由于 $\boldsymbol{\Phi}, \boldsymbol{\Psi}$ 是正交基对，因此当 M=N 时，$\boldsymbol{\Theta} = \boldsymbol{\Phi}\boldsymbol{\Psi}$ 也是正交矩阵。根据矩阵论的知识可知 $\mu(\boldsymbol{\Phi}, \boldsymbol{\Psi}) \in [1/\sqrt{n}, 1]$。当测量矩阵 $\boldsymbol{\Phi}$ 是单位矩阵时，相干程度最大 μ=1，$\boldsymbol{\Phi}$ 和 $\boldsymbol{\Psi}$ 有最大相干性，或者非相干，此时要估计出可以压缩信号中的重要信息，需要采集与原始数据相当的感知数据，这时压缩感知方法退化为常规的信号采集方法。实际上大部分矩阵之间相干性都不为 1，如脉冲函数与傅里叶变换之间的相干度为 $1/\sqrt{n}$，与正弦曲线的相干度也为 $1/\sqrt{n}$；而随机矩阵与一个正交矩阵的相干度也非常小，因此在压缩感知中通常采用随机投影的方法来采集数据。相干性原理表明，非相干正交基对有利于高效的压缩采样和信号重建[51]。

假定信号 $\boldsymbol{x}\in\mathbf{R}^{N\times 1}$ 在 $\boldsymbol{\Psi}$ 变换下是稀疏的，在 $\boldsymbol{\Phi}$ 矩阵下均匀随机地选取 M（$M<N$）个测量 $\boldsymbol{Q}\in\mathbf{R}^{M\times N}$，因此式（2.4）变换为 $\boldsymbol{y}=\boldsymbol{Q}\boldsymbol{\Phi}\boldsymbol{x}=\boldsymbol{\Theta}\boldsymbol{s}$，$\boldsymbol{Q}$ 为 $M\times N$ 的测量矩阵。研究表明当满足[52]：

$$M\geqslant C\cdot\mu^2(\boldsymbol{\Phi},\boldsymbol{\Psi})\cdot k\cdot\lg N \tag{2.6a}$$

重构信号的概率极大，且压缩感知问题（2.3）转化为如下最优化问题：

$$\hat{\boldsymbol{s}}=\arg\min\|\boldsymbol{s}\|_1,\quad \text{s.t. } \boldsymbol{y}=\boldsymbol{\Phi}\boldsymbol{\Psi}^{\mathrm{H}}\boldsymbol{s}=\boldsymbol{\Theta}\boldsymbol{s} \tag{2.6b}$$

其解很大概率等价于式（2.4）的精确解，即 $\boldsymbol{x}=\hat{\boldsymbol{x}}$。其中 $C>0$ 为一常数；k 为信号稀疏度，其约束条件为 $k\leqslant M/\lg(N/M)$。实际上，k 越小，即信号稀疏度越高，实现完美恢复的概率越高。式（2.6a）表明 $\mu^2(\boldsymbol{\Phi},\boldsymbol{\Psi})$ 值越小，采样时，测量的个数就越少，意味着获取的信号 $\boldsymbol{y}$ 能以较少的数据量去表达原信号 $\boldsymbol{x}$ 的信息。当 $\mu^2(\boldsymbol{\Phi},\boldsymbol{\Psi})$ 趋于 $1/\sqrt{n}$ 时，只需要 $O(k\cdot\lg N)$ 个采样就能以很大概率精确重构原始信号。因此对于信号的重建，实际上演变成为求解 L1 范数最小化这个凸优化问题；而对于重建的精度要求而言，只需要 $O(k\cdot\lg N)$ 个测量就能在很大概率上没有损失地表示原始信号的信息。

2.3　约束等距条件

信号的可稀疏表示是使得从少量测量值中恢复信号成为可能的首要因素，而另一因素则在于感知矩阵与稀疏基之间的不相关性。因此，为保证信号的重建，传感矩阵 $\boldsymbol{\Theta}$ 必须满足一定的限制条件。Candes 等[22]给出如下结论：为了重建稀疏信号，传感矩阵 $\boldsymbol{\Theta}$ 要满足一定的限制条件，即约束等距属性。

定义 2.1　一个矩阵 $\boldsymbol{A}$ 的 k 阶约束等距常数 δ_k 为使式（2.7）成立的最小数：

$$(1-\delta_k)\|\boldsymbol{x}\|_2\leqslant\|\boldsymbol{A}\boldsymbol{x}\|_2^2\leqslant(1+\delta_k)\|\boldsymbol{x}\|_2^2 \tag{2.7}$$

式中，k=1, 2, … 是任意整数，$\boldsymbol{x}$ 为任意 k 阶稀疏向量。矩阵 $\boldsymbol{A}$ 符合式（2.7），则称 $\boldsymbol{A}$ 满足约束等距条件。如果 δ_k 不太接近于 1，就不十分严谨地说 $\boldsymbol{A}$ 符合 k 阶约束等距性。当具有这个性质时，矩阵近似包含了稀疏信号 $\boldsymbol{x}$ 的欧氏距离，这反过来暗示了 $\boldsymbol{x}$ 稀疏矢量不能在 $\boldsymbol{A}$ 矩阵的零空间中。

在实际中，我们不仅关心稀疏信号的恢复，还包括那些近稀疏信号（信号矢量除了有较大值的元素外，还有部分较小值的元素）。因此对于近稀疏信号矢量 $\hat{\boldsymbol{x}}$，假定较大的元素值有 k 个，则保留除 k 个较大元素外，其余元素置零，用 $\hat{\boldsymbol{x}}_k$ 表示。

定理 2.1　假定一个矩阵 $\boldsymbol{A}$ 的 $2k$ 阶 RIP 常数 $\delta_{2k}\leqslant\sqrt{2}-1$，对 $\hat{\boldsymbol{x}}$ 而言，根据 $\boldsymbol{y}=\boldsymbol{A}\hat{\boldsymbol{x}}$ 得到解 $\boldsymbol{x}^*$ 满足：

$$\|\boldsymbol{x}^*-\hat{\boldsymbol{x}}\|_1\leqslant C_0\|\boldsymbol{x}-\hat{\boldsymbol{x}}_k\|_1 \text{ 和 } \|\boldsymbol{x}^*-\hat{\boldsymbol{x}}\|_2\leqslant C_0 k^{-1/2}\|\boldsymbol{x}-\hat{\boldsymbol{x}}_k\|_1 \tag{2.8}$$

式中，C_0 是一常数。事实上，如果 $\hat{\boldsymbol{x}}$ 是标准的 k 稀疏矢量，则可以从 $\boldsymbol{y}$ 中完全恢复 $\hat{\boldsymbol{x}}$，而对于近稀疏信号，在满足式（2.8）条件下，也是可以完美恢复的。

对于利用采样得到的信号，恢复稀疏原始信号的问题，其实也就是寻求式（2.4）的解，这个问题被转换为如下形式：

$$\min_{x\in\mathbf{R}^n}\|\boldsymbol{x}\|_0 \text{ 约束条件为 } \boldsymbol{\Theta x}=\boldsymbol{y} \tag{2.9}$$

根据 2.1 节所述，该式的约束条件是一个欠定方程，式（2.9）考虑了在该方程下的 L0 范数最小化问题，这是一个比较难的组合优化问题，然而从定理 2.1 可以导出 L0 范数和 L1 范数在一定条件下具有等价性。

（1）如果 $\delta_{2k}\leqslant 1$，则 L0 范数问题是有唯一的 k 稀疏解的。

（2）如果 $\delta_{2k}\leqslant\sqrt{2}-1$，则 L1 范数最小化问题的解和 L0 范数最小化问题的解是一致的。即可以把 L0 范数最小化这样的非凸优化问题，松弛到 L1 范数最小化这样的凸优化问题下求解，大大改善了计算的复杂性。

为了进一步分析约束等距性与压缩感知之间的联系，可以假定用 $\boldsymbol{A}$ 来获取 k 阶稀疏信号 $\boldsymbol{x}$。如果矩阵 $\boldsymbol{A}$ 的 $2k$ 阶约束等距常数 $\delta_{2k}\leqslant 1$，则可以由压缩采样的数据 $\boldsymbol{y}(\boldsymbol{y}=\boldsymbol{Ax})$复原信号 $\boldsymbol{x}$，事实上 $\boldsymbol{x}'$ 是方程式的唯一稀疏解，即非零元素个数最少。假定对于满足 $\delta_{2k}\leqslant 1$ 的矩阵 $\boldsymbol{A}$，即 $\boldsymbol{A}$ 的任意 $2k$ 列组成子矩阵 $\boldsymbol{A}_T$ 是近似正交的（其中，$|T|=2k$）；或者，任何 $2k$ 阶稀疏向量不属于 $\boldsymbol{A}$ 的零空间。当 $\boldsymbol{A}$ 满足上述假定时，压缩测量值 $\boldsymbol{y}$ 必定对应唯一的 k 稀疏向量 $\boldsymbol{x}'$。事实上，假定存在 k 稀疏向量 $\boldsymbol{x}_1'$，使得 $\boldsymbol{y}=\boldsymbol{Ax}_1'$，则必定不存在 k 稀疏向量 $\boldsymbol{x}_2'$（$\boldsymbol{x}_2'\neq\boldsymbol{x}_1'$）使得 $\boldsymbol{y}=\boldsymbol{Ax}_2'$，否则存在 $2k$ 稀疏向量 $\boldsymbol{x}'=\boldsymbol{x}_1'-\boldsymbol{x}_2'$，使得 $\boldsymbol{Ax}'=\boldsymbol{A}(\boldsymbol{x}_1'-\boldsymbol{x}_2')=0$，与存在等距常数 δ_{2k} 使得 $\boldsymbol{A}$ 满足 RIP 或者任何 $2k$ 稀疏向量不属于 $\boldsymbol{A}$ 的零空间相矛盾。

一些对 RIP 进行分析和研究的文献中，都指出求解矩阵 $\boldsymbol{A}$ 的 k 阶约束等距常数 δ_k 计算上比较困难。很多文献表明这是一个 NP 难问题，但是对该问题的表述不是很清楚。虽然设计了不同的近似优化算法来求解约束常数 δ_k，如半正定（semidefinite）松弛法，但求解约束等距常数作为一个 NP 问题，仍没有好的计算方式。

对欠定方程问题，涉及另一特性就是零空间属性（nullspace property）[53, 54]。零空间属性确保 L0 范数与 L1 范数等价性，它描述解式（2.9）的重构效果与解式（2.10）的重构效果的一致性。

$$\min_{x\in\mathbf{R}^n}\|\boldsymbol{x}\|_1 \text{ 约束条件为 } \boldsymbol{\Theta x}=\boldsymbol{y} \tag{2.10a}$$

或者

$$\min_{x}\|\boldsymbol{x}\|_1 \text{ 约束条件 } \|\boldsymbol{\Theta x}-\boldsymbol{y}\|_2^2\leqslant v \tag{2.10b}$$

$\boldsymbol{A}$ 的 k 阶零空间属性是对于所有 $\boldsymbol{A}$ 的零空间向量 $\boldsymbol{x}$（即 $\boldsymbol{Ax}=0$）存在常数 α_k，符合如下关系式：

$$\|\boldsymbol{x}\|_{k,1} \leqslant \alpha_k \|\boldsymbol{x}\|_1 \tag{2.11}$$

式中，$\|\boldsymbol{x}\|_{k,1}$ 表示在向量 $\boldsymbol{x}$ 中绝对值最大 k 项。与 RIP 条件类似，我们主要关注常数 α_k 的最小值，即零空间常数（nullspace constant，NSC）。事实上，如果 $\alpha_k < 1/2$，式（2.11）在稀疏度小于 k 时有唯一的解，这与式（2.9）拥有 k 稀疏的唯一解是一致的。

同 RIP 常数一样，α_k 的计算被认为是 NP 难问题，因此一些启发式方法被引入来求解 α_k 的边界问题，如半正定规划方法[55, 56]，或者基于线性规划的松弛法[57]。然而，现有资料表明对于 α_k 计算是一个 NP 问题，但并没给出严密的证明。

2.4 压缩感知的测量矩阵

压缩采样的另一关键性问题就是测量矩阵的设计，这是压缩感知理论能够实现的重要步骤。在压缩感知理论中，压缩采样的次数（即测量矩阵的行数）、重构信号的精度以及信号的稀疏性之间有着密切的联系。对于压缩采样的测量矩阵而言，其对数据的压缩采样程度受信号稀疏程度的影响。一般来说，信号稀疏度越高，在压缩感知中数据压缩的程度越高。因此测量矩阵的设计应该与稀疏字典的设计综合起来考虑。根据 Candes 等提出的理论，测量矩阵要满足非相干性或约束等距条件，即以尽可能少的测量个数去精确地重建信号。从技术实现的角度来看，设计测量矩阵主要包括两个方面：一是组成测量矩阵的元素，Candes 等给出了随机生成的测量矩阵的设计准则；二是测量矩阵的维度，即进行压缩采样的测量次数 M 与稀疏度 K 以及信号长度 N 三者之间应该满足一定的约束关系。RIP 条件从理论上来看是实现压缩感知的测量矩阵的最佳约束条件，但是实际上用它判断某一测量矩阵是否满足这样的特性是很困难的事情[52]。

为了有效地指导测量矩阵的设计，Candes 等在文献[25]中提出了压缩感知测量矩阵需要具备的特征。

（1）线性独立性：即由测量矩阵的列向量生成的子矩阵的最小奇异值必须大于某一常数值，这意味着测量矩阵的列向量是线性独立的。

（2）独立随机性：测量矩阵的列向量应该符合随机分布的特性。

（3）范数最小化：压缩感知理论中，进行稀疏恢复的过程是对待求解的向量进行 L0 范数最小化，实际上对 L0 范数最小化的求解被证明是一个 NP 难问题，因此松弛到 L1 范数最小化问题下去求解，故在压缩感知中满足稀疏度的解是符合 L1 范数最小化问题的解向量。

这三个特征是目前压缩感知理论中确保测量矩阵能压缩采样并能通过重构算法恢复的基本保障，也是设计测量矩阵的重要理论依据。压缩感知理论需要解决的关键问题之一是：是否存在这样的测量矩阵 $\boldsymbol{\Phi}$ 去压缩采样获取的信息是足够的？即能否用 M 个测量值精确重建原始信号 $\boldsymbol{x}$（长度为 N）？在这个过程中，同样需要快速的重构算法保障信号重建的精度和速度。下面进一步介绍目前主流的测量矩阵。

2.4.1 高斯随机矩阵

压缩感知中，比较常用的测量矩阵是元素服从高斯分布的高斯（Gaussian）随机矩阵。其矩阵构造形式为：对于一个 $M \times N$ 的矩阵 $\boldsymbol{\Phi}$，其矩阵中的元素 $\Phi_{i,j}$ 是独立的随机变量且服从如下分布：

$$\Phi_{i,j} \sim \mathcal{N}(0,1/M) \tag{2.12}$$

即服从期望为 0，方差为 $1/M$ 的高斯分布。它是一个随机性非常强的测量矩阵，Candes 和 Tao 理论上证明了服从高斯随机分布的矩阵满足 RIP 性质[24, 58]。高斯随机测量矩阵能够作为最常用的测量矩阵[31]，主要在于它与绝大多数正交稀疏矩阵不相干。当 $\boldsymbol{x}$ 为长度为 N、稀疏度为 k 的可压缩信号时，高斯随机测量矩阵仅需要 $M \geqslant ck\lg(N/k)$ 次测量便以极高的概率准确重建出原始信号，其中 c 是一个很小的常数[59]。

2.4.2 随机伯努利矩阵

考虑一个 $M \times N$ 的对称矩阵 $\boldsymbol{\Phi}$，其矩阵元素 Φ_{ij} 服从伯努利（Bernoulli）分布，即矩阵元素取-1 和 1 的概率各为 1/2，元素间分布是独立不相关的。而在压缩感知中，测量矩阵服从伯努利分布，要求其元素以相同的概率取 $1/\sqrt{M}$ 或 $-1/\sqrt{M}$，即

$$\Phi_{i,j} = \begin{cases} 1/\sqrt{M}, & \text{概率为}1/2 \\ -1/\sqrt{M}, & \text{概率为}1/2 \end{cases}$$

和高斯分布矩阵一样，这是一个 $M \times N$ 的伯努利矩阵，当约束等距常数满足 $\delta \leqslant C_1 n/\lg(N/s)$ 时，矩阵是一个 δ 阶 RIP 矩阵的概率不小于 $1-\exp(-C_2 n)$，这里常数 C_1、C_2 仅仅依赖于 RIP 常数 δ。

2.4.3 局部阿达马矩阵

阿达马（Hadamard）矩阵是一种元素符号均衡分布的集合，其用于在确定关于 l_N^∞ 范数的 n 宽度的 Kolmogorov 问题产生最近邻优化子空间[7]。由于 Gelfand 与 n 宽度 Kolmogorov 之间的二元关系，类似于 Gelfand 与压缩感知理论的关系，阿

达马矩阵非常适合作为压缩感知的测量矩阵。

对于一个 $n \times n$ 阿达马矩阵 $\boldsymbol{H}$，其元素取值范围{1，−1}，且 $\boldsymbol{H}$ 是一个正交矩阵，即有

$$\boldsymbol{H}\boldsymbol{H}^{\mathrm{T}} = n\boldsymbol{I} \tag{2.13}$$

式中，$\boldsymbol{I}$ 为 n 阶单位矩阵，称 $\boldsymbol{H}$ 为 n 阶阿达马矩阵。

定义 2.2　假定$\boldsymbol{\Phi}$ 的行是由 $N \times N$ 的阿达马矩阵中随机选择产生，其中 $N = 2^q$，q 为一个不小于 1 的整数。这里$\boldsymbol{\Phi}$ 被称为局部阿达马矩阵（partial Hadamard matrix），是阿达马矩阵的简略形式。

局部阿达马矩阵之所以能够应用于压缩感知，是因为局部阿达马矩阵可以在某些特殊的情况下产生近似最优子空间来解决信号空间问题，从结构上看，局部阿达马具有非常良好的“对称式”结构，保证了采集的均匀性，这就更能够保证测量值权重的均等性，更加有利于简化运算和系统设计实现。局部阿达马矩阵是一种二元结构矩阵，作为压缩感知的测量矩阵能快速高效地获取信号，同时也确保了信号的特征压缩。

2.4.4　特普利茨矩阵

一个 $m \times n$ 的特普利茨（Toeplitz）矩阵形式如下：

$$\boldsymbol{A} = \begin{bmatrix} a_n & a_{n-1} & \cdots & a_2 & a_1 \\ a_{n+1} & a_n & \cdots & a_3 & a_2 \\ \vdots & \vdots & \ddots & \ddots & \vdots \\ a_{n+m-1} & a_{n+m-2} & \cdots & \cdots & a_m \end{bmatrix}$$

式中，元素 $\{a_i\}_{i=1}^{n+k-1}$ 是服从独立同分布的，因此用特普利茨矩阵构建的测量矩阵很大程度上满足 $3m$ 阶 RIP 条件[60]，且其 $3m$ 阶约束等距常数 $\delta_{3m} \in (0,1/3)$，稀疏度 $k \geqslant \text{const} \cdot m^3 \ln(n/m)$。从根本上讲，虽然特普利茨矩阵自由度的约减在压缩感知中会增加测量次数，但在特普利茨矩阵作为测量矩阵的采样下恢复 k 阶稀疏信号的精度和准确度都好于随机矩阵。

用特普利茨矩阵作为测量矩阵其优势体现在以下几方面。

（1）压缩感知理论要求测量矩阵产生 $O(kn)$ 个独立随机变量，而对于那些高维的、大规模的数据处理而言产生这样的矩阵是比较麻烦的，特普利茨矩阵作为测量矩阵仅仅需要 $O(n)$ 独立随机变量。

（2）感知矩阵需要 $O(kn)$ 次乘法运算，这导致了数据采样和重构的时间较长，而可以通过对特普利茨矩阵实施快速傅里叶变换，然后用于采样或重构，其计算次数仅为 $O(n\log_2(n))$。

（3）特普利茨矩阵可以用于一些实时系统，如线性时不变连续系统。

2.4.5 结构随机矩阵

虽然随机矩阵能有效地满足 RIP 条件，在工程实际中，更希望构造一个确定性 RIP 矩阵。因为确定性矩阵结构简单，更利于工程设计。另外，根据编码构造方法的过程来看，确定性矩阵内存消耗较少，且能在这类矩阵上设计出快速的恢复算法。

由于随机高斯矩阵与随机伯努利矩阵的随机性较强，重构精度较好，而确定性矩阵具有 n 阶的 RIP 性质是比较困难的。因此可以取确定性矩阵和随机矩阵间的共性，设计一种结构随机矩阵。与确定性的矩阵相比，结构随机矩阵具有一定的随机性，因此其拥有较好的 RIP 特性。但结构随机矩阵的随机性往往较弱，通常是行具有随机性或者列具有随机性，而不是像随机性矩阵那样是元素具有随机性。

这里引入部分随机傅里叶矩阵。假定 $\boldsymbol{\Phi}$ 为 $N\times N$ 离散傅里叶矩阵，即矩阵 $\boldsymbol{\Phi}$ 中的元素 $\Phi_{i,k}$ 满足：

$$\Phi_{i,k}=\frac{1}{\sqrt{N}}\exp\left(-\frac{\mathrm{j}2\pi ik}{N}\right),\quad i,k\in\{0,\cdots,N-1\} \tag{2.14}$$

然后随机选择 M 行生成一个 $M\times N$ 的矩阵 $\boldsymbol{\Phi}$，这里称之为部分随机傅里叶矩阵。部分随机傅里叶矩阵具有较强的实用性。很多时候人们观测信号时，得到的是信号的部分频率信息，这里观测矩阵就是部分随机傅里叶矩阵。Candes 和 Tao 在文献[24]中分析并证明了在压缩感知中，测量矩阵 $\boldsymbol{\Phi}$ 的 RIP 常数 δ 要以高概率满足 $\delta=O(n/(\lg N)^6)$ 阶 RIP 性质。虽然这一条件在文献[61]中被改进为 $\delta=O(n/(\lg N)^4)$，但目前大多测量矩阵还是以 Candes 等提出的条件为准则。可以证明部分随机傅里叶矩阵满足 RIP 约束条件。当然符合 $\delta=O(n/(\lg N)^4)$ 阶的 RIP 性质并不是最优的，证明 $\boldsymbol{\Phi}$ 以较高概率满足 $\delta=O(n/(\lg N)^4)$ 仍是一个待需要解决的问题。关于结构随机矩阵的更多资料可以参考文献[62]和文献[63]。

2.4.6 Chirp 测量矩阵

Chirp 测量矩阵是采用 Chirp 序列构建测量矩阵的列向量。Chrip 序列具有类似于 DFT 一样高效的信号重建能力，同时与随机高斯矩阵、随机伯努利矩阵、特普利茨矩阵等同样满足非相干性要求和 RIP 条件。

一个长度为 N 的 Chirp 信号表示为

$$v_{m,r}(l)=\alpha\cdot \mathrm{e}^{\frac{\mathrm{j}2\pi ml}{K}+\frac{\mathrm{j}2\pi rl^2}{K}},\quad m,r\in\mathbf{R} \tag{2.15}$$

式中，m 表示 Chirp 信号的基频，r 表示 Chirp 比率。对于一个长度为 K 的信号而言，这里存在 K^2 种可能的（m, r）组合。因此可生成 $K \times K^2$ 尺度的感知矩阵 $\boldsymbol{\Phi}$，该矩阵的列由 K^2 个单模 Chirp 信号构成。

给定一个矢量 $\boldsymbol{y}$，索引下标为 l，由多个 Chirp 信号的线性组合可得

$$y(l) = s_1 \mathrm{e}^{\frac{\mathrm{j}2\pi m_1 l}{K} + \frac{\mathrm{j}2\pi r_1 l^2}{K}} + s_2 \mathrm{e}^{\frac{\mathrm{j}2\pi m_2 l}{K} + \frac{\mathrm{j}2\pi r_2 l^2}{K}} + \cdots \tag{2.16}$$

式中，m_i 表示基频，r_i 表示 Chirp 比率。这里 Chirp 比率可以通过求解 $\overline{\boldsymbol{y}}(l)\boldsymbol{y}(l+d)$ 从 $\boldsymbol{y}$ 中进行重构。索引下标 $l+d$ 需要对 K 取余得到。因此有

$$f(l) = \overline{\boldsymbol{y}}(l)\boldsymbol{y}(l+\mathrm{T}) = |s_1|^2 \mathrm{e}^{\frac{\mathrm{j}2\pi}{K}(m_1 T + r_1 T^2)} \mathrm{e}^{\frac{\mathrm{j}2\pi(2r_1 lT)}{K}} + |s_2|^2 \mathrm{e}^{\frac{\mathrm{j}2\pi}{K}(m_2 T + r_2 T^2)} \mathrm{e}^{\frac{\mathrm{j}2\pi(2r_2 lT)}{K}} + \cdots \text{交叉项} \tag{2.17}$$

式中，交叉项的表达式为

$$s_p \overline{s}_q \mathrm{e}^{\frac{\mathrm{j}2\pi}{K}(m_p T + r_p T^2)} \mathrm{e}^{\frac{\mathrm{j}2\pi}{K} l(m_p - m_q + 2Tr_p) + \frac{\mathrm{j}2\pi}{K} l^2 (r_p - r_q)} \tag{2.18}$$

该项也是 Chirp 信号。可以观察到 $f(l)$在 $2r_i T$ 处对 K 取余的离散频率处是正弦波信号。实际上 $\boldsymbol{y}$ 由少量的 Chirp 信号组成，即信号是以稀疏方式构建的，对 $f(l)$ 进行快速傅里叶变换，在 $2r_i T$ 处对 K 取余，就可以得到 Chirp 比率。进一步根据 Chirp 比率 r_i 就可以通过乘以 $\mathrm{e}^{-\mathrm{j}2\pi r_i l^2/K}$ 生成信号 $\boldsymbol{y}(l)$。这样 Chirp 比率为 r_i 的信号为正弦信号，对正弦信号做一次傅里叶变换就可以生成相对于 m_i 和 s_i 的变换矩阵。因此，根据 Chirp 信号的表达方式，测量矩阵 $\boldsymbol{\Phi}$ 的元素可表示为

$$\boldsymbol{\Phi}_{l,r} = \mathrm{e}^{\frac{\mathrm{j}2\pi r l^2}{K}} \mathrm{e}^{\frac{\mathrm{j}2\pi m l}{K}}, \quad k = Kr + m \in \mathbf{R} \tag{2.19}$$

2.5　压缩感知重建理论

压缩感知理论另一个关键之处就是如何利用压缩采样的数据去恢复出原始信号，这依赖于算法的健壮性和精确性。在过去的几年中，许多基于压缩感知的重构算法被提出[64, 65]。压缩感知理论的数据重构是基于一个完备的理论框架。本节对这些理论基础进行了梳理和分析。

2.5.1　基于 Lp 范数最小化的信号重构

L0 范数表示的是向量 $\boldsymbol{x}$ 中非零值的个数，其数学表示为 $\|\boldsymbol{x}\|_0 = \sum_{i=1} |\boldsymbol{x}_i|_0$ 。对于长度相同的两个信号矢量 $\boldsymbol{x}_1$ 和 $\boldsymbol{x}_2$，如果 $\|\boldsymbol{x}_1\|_0 < \|\boldsymbol{x}_2\|_0$，则说明 $\boldsymbol{x}_1$ 比 $\boldsymbol{x}_2$ 更稀疏。因此利用线性测量 $\boldsymbol{y} = \boldsymbol{\Theta x}$ 重构稀疏信号 $\boldsymbol{x}$ 可以表示为式（2.9）的形式。

正如 2.3 节提到那样，式（2.9）属于非凸优化问题，其计算的复杂度与信号的尺度成指数增长[66]。为了避免直接处理这类复杂问题，Tao 等提出了一种方法把类似式（2.9）的非凸优化问题的求解转化为式（2.10）问题的求解。实际上就是把最小化$\|\boldsymbol{x}\|_0$这一非凸优化问题，转变为最小化$\|\boldsymbol{x}\|_1$这一凸优化问题，对于凸优化问题而言，现有的方法可以得到较好的近似解。当然利用式（2.10）的解去实现精确重构有个重要的前提，即要满足式（2.6）的采样次数和$\boldsymbol{\Theta}$要满足式（2.7）表示的约束等距条件。

文献[67]和文献[68]提出的选择优化方法表现出了比基于 L0 范数优化（如基追踪）更好的恢复效果。在这些文献中，阐明了基于 Lp（$0<p<1$）范数的信号重构算法的恢复效果优于 L1 范数，而计算复杂度却小于基于 L0 范数的恢复算法。这里给出了无噪声环境下基于 Lp 范数最小化的稀疏信号重构的数学表示：

$$\min_{\boldsymbol{x}}\|\boldsymbol{x}\|_p^p\text{，约束条件 }\boldsymbol{\Theta x}=\boldsymbol{y} \tag{2.20}$$

式中，$0<p<1$，且$\|\boldsymbol{x}\|_p^p=\sum_{i=1}^{N}|\boldsymbol{x}_i|^p$。如果信号采样过程中受到噪声$\boldsymbol{w}$干扰，则有$\boldsymbol{y}=\boldsymbol{\Theta x}+\boldsymbol{w}$，那么重构稀疏信号的 L$p$ 范数的最小化问题表示为

$$\min_{\boldsymbol{x}}\|\boldsymbol{x}\|_p^p\text{，约束条件 }\|\boldsymbol{\Theta x}-\boldsymbol{y}\|_2^2\leqslant\varepsilon \tag{2.21}$$

为了更好地理解 Lp 范数最小化在稀疏信号恢复这一问题上比 L1 和 L2 范数最小化模型更有效，下面进一步分析它们之间的差异。

2.5.2　L2，L1，Lp 范数三者间的差异

图 2.2 分别展示了函数$\|\boldsymbol{x}\|_0$，$\|\boldsymbol{x}\|_1$，$\|\boldsymbol{x}\|_p$（p=0.3，0.08）的曲线。正如图中所

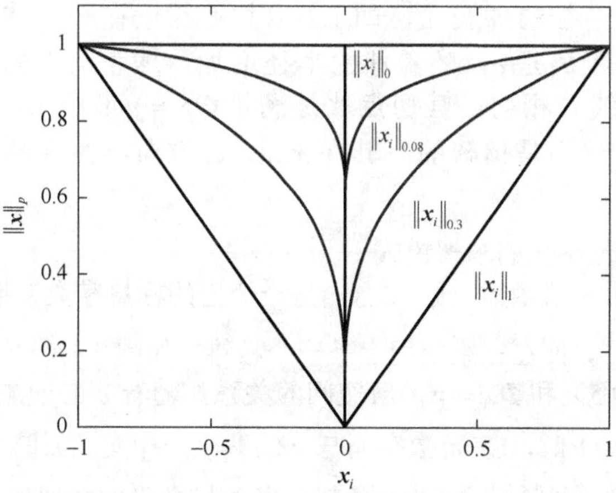

图 2.2　$\|\boldsymbol{x}\|_i$ 函数曲线图

示，函数$\|\boldsymbol{x}\|_{0.3}$和$\|\boldsymbol{x}\|_{0.08}$的曲线相对于$\|\boldsymbol{x}\|_1$而言更接近于$\|\boldsymbol{x}\|_0$，即函数$\|\boldsymbol{x}\|_{0.08}$的值域更近似于函数$\|\boldsymbol{x}\|_0$。需要注意的是这三个函数变量$\boldsymbol{x}$的取值在−1到1，在该区间取离散值$\boldsymbol{x}_i(i=1, 2, 3, \cdots, N)$。因此可以从图中看出L$p$（$0<p<1$）范数比L1范数更接近于L0范数的值域。

（1）L2范数最小化在稀疏恢复中的不足。

假定一信号矢量$\boldsymbol{x}$的长度为3，即$\boldsymbol{x}=(\boldsymbol{x}_1,\boldsymbol{x}_2,\boldsymbol{x}_3)$，测量矩阵$\boldsymbol{\Phi}\in\mathbf{R}^{1\times 3}$。对于已知测量值$\boldsymbol{y}$通过式$\boldsymbol{\Phi x}=\boldsymbol{y}$求解$\boldsymbol{x}$的解空间所有点可以用图2.3来表示。

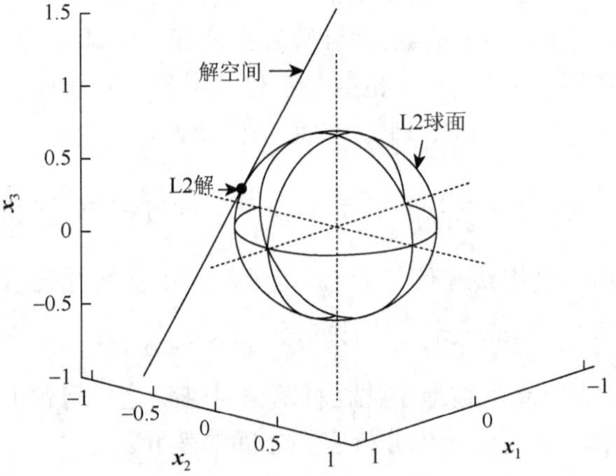

图2.3　$\boldsymbol{\Phi x}=\boldsymbol{y}$的解空间与L2范数张成的球面

图2.3中直线表示$\boldsymbol{x}$解空间所有的解集。L2范数生成的函数$\|\boldsymbol{x}\|_2=c$形成了一个以c为半径的球表面，即L2范数是约束在一个球表面上，球表面所有点到圆心的距离是c。随着球的半径增加，球表面不断膨胀，最终会和$\boldsymbol{x}$的解空间（直线）相切。其切点就是满足$\boldsymbol{\Phi x}=\boldsymbol{y}$最小L2范数的解。但是可以看到，这个解不是稀疏的，其在$\boldsymbol{x}_1,\boldsymbol{x}_2,\boldsymbol{x}_3$方向不为零，因此并不符合稀疏解的要求。

（2）L1范数最小化的求解模式。

对于L1范数生成函数$\|\boldsymbol{x}\|_1=c$（c是一个正的标量常数）形成的集合在二维空间上是一个棱形，而在三维空间上是一个棱锥。如图2.4（a）展示L1范数约束张成的空间（c=0.5）和$\boldsymbol{\Phi x}=\boldsymbol{y}$的解空间的关系。随着$c$的增加，L1范数形成的锥体会膨胀，当$c$=1时，L1范数空间与$\boldsymbol{x}$的解空间相交。如图2.4（b）所示两者的交点在图中用实心圆标记。可以看到，该交点表示的解向量$\boldsymbol{x}_1\neq 0$，$\boldsymbol{x}_2\neq 0$，$\boldsymbol{x}_3=0$。因此L1范数约束下的解比其L2范数要稀疏。

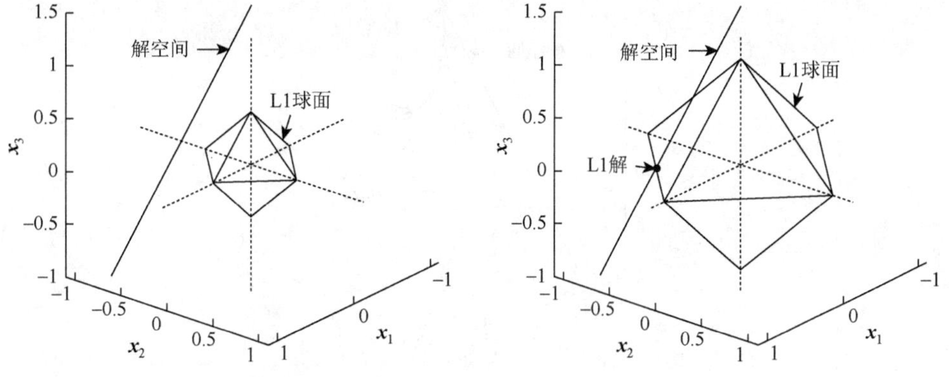

(a) $\|x\|_1=0.5$　　(b) $\|x\|_1=1$

图 2.4　$\boldsymbol{\Phi x}=\boldsymbol{y}$ 的解空间与 L1 范数的张成的球面

（3）Lp 范数最小化约束的优势。

Lp 范数约束下的函数$\|\boldsymbol{x}\|_p=c$ 形成的集合空间如图 2.5 所示。图 2.5（a）展示了 p=0.5，c=0.5 的 Lp 范数形成的锥体，锥体表面构成解空间集合。回顾图 2.4（b），在 c=1 时 L1 范数约束下的锥体与 $\boldsymbol{\Phi x}=\boldsymbol{y}$ 的解空间的交点是一个 2 阶稀疏的解。而从图 2.5（b）中可以看出 Lp 范数构建的锥体（c=1）并没有和 $\boldsymbol{\Phi x}=\boldsymbol{y}$ 的解空间相交，因此也不会得到 2 阶稀疏的解。进一步观察图 2.5（c），Lp 锥体（c=1.5）与解空间有交点，可以看到该交点只有一个非零元素，即 $\boldsymbol{x}_3\neq 0$，因此 Lp 范数比 L1 范数更能得到稀疏的解。

从以上分析可知，在 L2，L1，Lp 范数约束下 $\boldsymbol{\Phi x}=\boldsymbol{y}$ 解的稀疏度是逐渐增加的，即解的非零值减少（当 p=0 时，就是标准的 L0 范数约束）。对于 L2 和 L1 范数约束下的求解，虽然求解方法较多，但以此方式进行数据重构其精度较低，而 L0 范数带来了计算上的复杂性，Lp 范数在降低计算难度的同时，相比 L2 和 L1 范数而言重构精度较高。

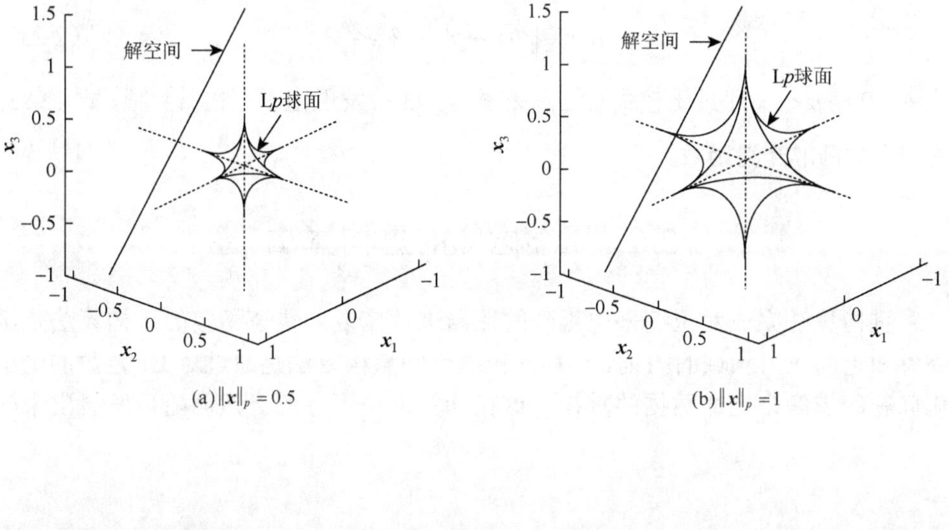

(a) $\|x\|_p=0.5$　　(b) $\|x\|_p=1$

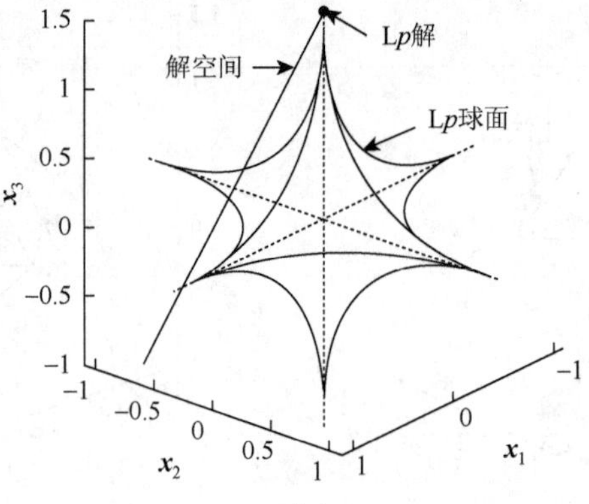

图 2.5　$\boldsymbol{\Phi x}=\boldsymbol{y}$ 的解空间与 Lp 范数构建的锥体（p=0.5）

2.5.3　无约束的信号重构模式

通常，一种处理约束的凸优化问题式（2.10）的有效方法是转化为非约束的形式：

$$\min_{\boldsymbol{x}}\frac{1}{2}\|\boldsymbol{\Phi x}-\boldsymbol{y}\|_2^2+\lambda\|\boldsymbol{x}\|_1 \tag{2.22}$$

式中，$\lambda>0$ 是 $\boldsymbol{x}$ 的稀疏度与信号误差之间的权值，λ 值取决于该式两个部分对最优化问题起确定性作用的程度。对于式（2.10b），λ 与边界值 $\boldsymbol{v}$ 相关，因此 λ 依赖于噪声的方差。对于问题（2.10b），在式（2.22）中 λ 应该足够小，一般式（2.22）的解符合式（2.10b）的等式约束条件。由于存在 $\lambda\|\boldsymbol{x}\|_1$ 项，式（2.22）是一个非光滑的凸函数求解问题。该问题作为一个数学领域的基础问题，许多人进行了研究，提出了很多有效的算法[69, 70]。

进一步分析式（2.20）和式（2.21），Lp 范数的优化问题表述为

$$\min_{\boldsymbol{x}}\frac{1}{2}\|\boldsymbol{\Phi x}-\boldsymbol{y}\|_2^2+\lambda\|\boldsymbol{x}\|_p^p \tag{2.23}$$

式中，$0\leqslant p<1$。通过比较式（2.22）和式（2.23），发现由于存在 $\|\boldsymbol{x}\|_p^p$ 项，式（2.23）是一个非凸非光滑函数。

2.6　压缩感知的重构算法

重构算法完成对压缩采样得到的数据进行恢复，快速稳定的重构算法是压缩感知走向应用领域的关键。早期的压缩感知重构方法是通过对 L1 范数的最小化问题的求解来完成数据的重构，这在计算上是可行的。然而随后发展出来的

交替算法拥有更快的速度和更好的重构效果。本章对目前主流的重构算法进行介绍和分析。

2.6.1 匹配追踪

匹配追踪（matching pursuit，MP）算法本身属于迭代计算方法，该方法把信号分解为字典函数的线性组合。匹配追踪最早由 Mallat 和 Zhang 提出[71]，比较类似于投影追踪梯度下降法，在算法的每次迭代过程中，匹配追踪采用贪婪法选择字典元素来逼近原始信号[72]。

考虑 $\boldsymbol{H}$ 为 Hilbert 空间，$\boldsymbol{D}=\left\{\boldsymbol{g}_\gamma\right\}_{\gamma\in\Gamma}$ 是一个矢量集合，且 $\left\|\boldsymbol{g}_\gamma\right\|=1$，这里称 $\boldsymbol{D}$ 是一个字典。假定 $\boldsymbol{V}$ 是个封闭的线性空间，字典元素在 $\boldsymbol{V}$ 中的有限线性组合是密集的。当且仅当 $\boldsymbol{V}=\boldsymbol{H}$ 时，称字典是完备的。对于 $\boldsymbol{f}\in\boldsymbol{H}$，通过逐次逼近可以计算在字典 $\boldsymbol{D}$ 上的线性膨胀。根据矢量 $\boldsymbol{g}\in\boldsymbol{D}$，可以对 $\boldsymbol{f}$ 进行如下分解：

$$\boldsymbol{f}=\left\langle\boldsymbol{f},\boldsymbol{g}\right\rangle+\boldsymbol{r}^{(g)} \tag{2.24}$$

式中，$\boldsymbol{r}^{(g)}$ 是通过该式去逼近 $\boldsymbol{f}$ 的残量。由于该残量是正交于 $\boldsymbol{f}$，因此有

$$\|\boldsymbol{f}\|_2=\left|\left\langle\boldsymbol{f},\boldsymbol{g}\right\rangle\right|_2+\left\|\boldsymbol{r}^{(g)}\right\|_2 \tag{2.25}$$

一个最佳的逼近，应该是使得残量的范数最小，对应期望 $\left|\left\langle\boldsymbol{f},\boldsymbol{g}\right\rangle\right|_2$ 值最大。由于选择一个恰当矢量 $\boldsymbol{g}$ 是不容易的，因此通常的做法是选择近似最优的字典元素，即满足：

$$\left|\left\langle\boldsymbol{f},\boldsymbol{g}\right\rangle\right|^2\geqslant\alpha\sup_{\gamma\in\Gamma}\left|\left\langle\boldsymbol{f},\boldsymbol{g}_\gamma\right\rangle\right| \tag{2.26}$$

式中，$0<\alpha\leqslant1$，该参数通过 Zermelo 选择公理[73]确保合理性。匹配追踪算法是一种贪婪迭代算法，其基本思想是在每一次的迭代过程中，从过完备原子库里（即测量矩阵）选择与信号最匹配的原子来构建稀疏逼近，并求出残差 $\boldsymbol{r}^{(g)}$，然后继续选择与残差最为匹配的原子，经过一定次数的迭代，信号可以由一些原子线性表示。但是信号在已选定原子（测量矩阵的列向量）集合上的投影的非正交性使得每次迭代的结果可能是次优的，因此最终收敛可能需要经过多次迭代。

假定执行了 n 次迭代，对应产生第 n 阶的残量为 $\boldsymbol{r}^{(n)}$。从 $\boldsymbol{D}$ 中选择最佳矢量 $\boldsymbol{g}^{(n+1)}$去拟合式（2.26），则 $\boldsymbol{r}^{(n+1)}$分解式表示为

$$\boldsymbol{r}^{(n)}=\left\langle\boldsymbol{r}^{(n)},\boldsymbol{g}^{(n)}\right\rangle\boldsymbol{g}^{(n)}+\boldsymbol{r}^{(n+1)} \tag{2.27}$$

应用该分解式到原函数 $\boldsymbol{f}$，则有

$$\boldsymbol{f}=\sum_{i=0}^{n}\left\langle\boldsymbol{r}^{(i)},\boldsymbol{g}^{(i)}\right\rangle\boldsymbol{g}^{(i)}+\boldsymbol{r}^{(n+1)} \tag{2.28}$$

由于残量 $\boldsymbol{r}^{(i+1)}$ 与 $\boldsymbol{r}^{(i)}$ 正交，因此式（2.28）的 L2 范数形式为

$$\|\boldsymbol{f}\|_2=\sum_{i=0}^{n}\left|\left\langle \boldsymbol{f},\boldsymbol{g}^{(i)}\right\rangle\right|_2+\left\|\boldsymbol{r}^{(n+1)}\right\|_2 \tag{2.29}$$

从以上结论中可以得出匹配追踪方法是可以完全地恢复出函数 $\boldsymbol{f}$ 中的元素的，其中 $\boldsymbol{f}$ 可以通过字典进行分解（算法 2.1）。

算法 2.1　匹配追踪算法

输入：测量矩阵 $\boldsymbol{\Phi}\in\mathbf{R}^{m\times n}$，测量值 $\boldsymbol{y}\in\mathbf{R}^{m}$

输出：$\boldsymbol{x}$ 的稀疏逼近 $\hat{\boldsymbol{x}}$（$\boldsymbol{x}$ 的解），重建误差 $\boldsymbol{r}_t$

1　初始化冗余向量 $\boldsymbol{r}_0=\boldsymbol{y}$，迭代次数 $t=1$

2　找到索引 λ_t，使得 $\lambda_t=\arg\max\limits_{j=1,2,\cdots,N}\left|\left\langle \boldsymbol{r}_{t-1},\boldsymbol{\Phi}_j\right\rangle\right|$；这里 $\left|\left\langle \boldsymbol{x},\boldsymbol{y}\right\rangle\right|$ 表示向量 $\boldsymbol{x},\boldsymbol{y}$ 内积的绝对值

3　计算新的近似 $\boldsymbol{a}_t$ 和冗余 $\boldsymbol{r}_t$：

$$\boldsymbol{a}_t=\left\langle \boldsymbol{r}_{t-1},\boldsymbol{\Phi}_{\lambda_t}\right\rangle\boldsymbol{\Phi}_{\lambda_t},\ \boldsymbol{r}_t=\boldsymbol{r}_t-\boldsymbol{a}_t$$

4　如果满足 $\|\boldsymbol{r}_t-\boldsymbol{r}_{t-1}\|_2<\varepsilon$ 或 $t>K$，则停止 $\hat{\boldsymbol{x}}\leftarrow\boldsymbol{a}_t$，否则 $t=t+1$，转步骤 2

2.6.2　正交匹配追踪

正交匹配追踪（orthogonal matching pursuit，OMP）是匹配追踪算法的一个重要改进，其总体框架与 MP 相同，区别在于 MP 算法由于信号在已选定原子集合上投影的非正交性使得收敛可能需要经过多次迭代，OMP 则通过递归地对已选择原子集合进行正交化以保证迭代的最优性，从而减少了迭代次数。Tropp 和 Gilbert 近年来在 OMP 算法框架下做了较多的工作[40, 47]，研究了 OMP 算法在压缩感知领域的优异性能。Tropp 和 Gilbert 在文献[40]中，根据测量值 $\boldsymbol{y}=\boldsymbol{\Phi x},\boldsymbol{\Phi}\in\mathbf{R}^{m\times n}$ 重建 k 阶稀疏信号的过程，提出了关于 OMP 在压缩感知中应用的两种主要理论模型。

定理 2.2[40]　假定 $\boldsymbol{x}\in\mathbf{R}^{n}$ 是 k 阶稀疏的，且 $\boldsymbol{\Phi}\in\mathbf{R}^{m\times n}$ 中的元素服从高斯独立同分布 $\mathcal{N}\left(0,\dfrac{1}{m}\right)$，$m\geqslant C\cdot k\cdot\lg(n/\delta)$，则对于测量值 $\boldsymbol{y}=\boldsymbol{\Phi x}$，正交匹配追踪算法能够以高于 $1-2\delta$ 的概率重构信号 $\boldsymbol{x}$，其中 $\delta\in(0,0.36)$，常数 $C\leqslant 20$。对于 k 较大的情况，C 通常约等于 4。

定理 2.3[40]　假定 $\boldsymbol{x}\in\mathbf{R}^{n}$ 是 k 阶稀疏的，且 $\boldsymbol{\Phi}\in\mathbf{R}^{m\times n}$ 是可行的测量矩阵，

$m \geqslant C \cdot k \cdot \lg(n/\delta)$，则对于测量值 $\boldsymbol{y}=\boldsymbol{\Phi x}$，正交匹配追踪算法能够以高于 $1-\delta$ 的概率重构信号 $\boldsymbol{x}$，其中 $\delta \in (0,0.36)$。

根据定理 2.3，需要定义一个可行的测量矩阵，其表述如下。

定义 2.3 一个用于 k 阶稀疏采样和恢复的测量矩阵 $\boldsymbol{\Phi} \in \mathbf{R}^{m\times n}$ 满足下列属性。

（1）独立性（independence）：$\boldsymbol{\Phi}$ 的列与列之间服从统计上的独立性。

（2）正则化（normalisation）：$E[\boldsymbol{\phi}_j]=1, j=1,\cdots,n$，$\boldsymbol{\phi}_j$ 表示 $\boldsymbol{\Phi}$ 的 j 列。

（3）联合相关性（joint correlation）：存在 k 个矢量 $\{\boldsymbol{u}_i\}$，$\|\boldsymbol{u}_i\|_2 \leqslant 1$，对于 $\boldsymbol{\Phi}$ 的每一列 $\boldsymbol{\phi}_j$，其符合下列分布：

$$P\left\{\max_i \left|\left\langle \boldsymbol{\phi}_j, \boldsymbol{u}_i \right\rangle\right| \leqslant \varepsilon\right\} \geqslant 1-2k\mathrm{e}^{-c\varepsilon^2 m} \tag{2.30}$$

（4）最小奇异值（smallest singular value）：对于 $\boldsymbol{\Phi}$ 的子矩阵 $\boldsymbol{\Phi}' \in \mathbf{R}^{m\times k}$ 的最小奇异值 $\sigma_k(\boldsymbol{\Phi}')$ 满足：

$$P\left\{\sigma_k(\boldsymbol{\Phi}') \geqslant \frac{1}{2}\right\} \geqslant 1-\mathrm{e}^{-cm} \tag{2.31}$$

满足以上条件可行的测量矩阵能够在算法中正确地产生 $\boldsymbol{x}$ 的支撑集，其最小奇异值条件确保了矩阵是可逆的，因此可以通过最小二乘法来求解，进而恢复出正确的原信号矢量。

OMP 算法的运行时间关键取决于算法 2.2 的步骤 4，即找到 $\boldsymbol{\Phi}$ 中最相关的两列，然后继续对 $\boldsymbol{\Phi}^{(i)}$ 执行正交三角（orthogonal triangular，QR）分解，算法的时间复杂度为 $O(kmn)$ [40]。

算法 2.2 正交匹配追踪算法

输入：测量矩阵 $\boldsymbol{\Phi} \in \mathbf{R}^{m\times n}$，测量值 $\boldsymbol{y} \in \mathbf{R}^m$，待恢复信号 $\boldsymbol{x}$ 的稀疏度为 k

输出：$\boldsymbol{x}$ 的稀疏逼近 $\hat{\boldsymbol{x}}$（$\boldsymbol{x}$ 的解），重建误差 $\boldsymbol{r}_t$

1 初始化冗余向量 $\boldsymbol{r}_0=\boldsymbol{y}$，索引集合 $\boldsymbol{\Lambda}_t=\boldsymbol{\varphi}$，迭代次数 $t=1$

2 找到索引 λ_t 使得 $\lambda_t=\arg\max\limits_{j\in(\boldsymbol{M}-\boldsymbol{\Lambda}_t)}\left|\left\langle \boldsymbol{r}_{t-1}, \boldsymbol{\Phi}_j\right\rangle\right|$，$\boldsymbol{M}=\{1,2,\cdots,M\}$，$\boldsymbol{M}-\boldsymbol{\Lambda}_t$ 表示集合 $\boldsymbol{M}$ 中去掉 $\boldsymbol{\Lambda}_t$ 中的元素

3 令 $\boldsymbol{\Lambda}_t=\boldsymbol{\Lambda}_{t-1}\cup\{\lambda_t\}$

4 计算新的近似 $\boldsymbol{a}_{\Lambda_t}=\boldsymbol{\Phi}_{\Lambda_t}^{\perp}\boldsymbol{y}$，其中 $\boldsymbol{\Phi}^{\perp}$ 表示 $\boldsymbol{\Phi}$ 的伪逆，$\boldsymbol{\Phi}^{\perp}=(\boldsymbol{\Phi}^{\mathrm{T}}\boldsymbol{\Phi})\boldsymbol{\Phi}^{\mathrm{T}}$

5 更新冗余向量 $\boldsymbol{r}_t=\boldsymbol{y}-\boldsymbol{a}_{\Lambda_t}\boldsymbol{y}$

6 如果满足 $\|\boldsymbol{r}_t-\boldsymbol{r}_{t-1}\|_2<\varepsilon$ 或 $\boldsymbol{M}=\boldsymbol{\Lambda}_t$，则停止 $\hat{\boldsymbol{x}}\leftarrow\boldsymbol{a}_{\Lambda_t}$；否则 $t=t+1$，转步骤 2

2.6.3 正则化的正交匹配追踪

文献[25]、文献[74]和文献[75]对于稀疏恢复下的凸优化问题的稳定性进行了研究，提出了正则化的正交匹配追踪（regularized orthogonal matching pursuit，ROMP），见算法 2.3。假定事先知道测量误差的边界$\|e\|\leqslant\varepsilon$，同时测量矩阵$\boldsymbol{\Phi}$的 RIP 常数足够小，对凸优化问题（$\min\|\boldsymbol{u}\|_1$，约束条件$\|\boldsymbol{\Phi}\hat{\boldsymbol{x}}-\boldsymbol{x}\|_2<\varepsilon$）的解实际上是对待恢复信号的逼近，即$\|\boldsymbol{x}-\hat{\boldsymbol{x}}\|_2\leqslant C\varepsilon$，$C$为一常数。而通常进行稀疏恢复的贪婪算法，其稳定性较弱。ROMP 结合了贪婪算法的速度、简便和凸优化方法的确定性保证，能从不完全和不精确的测量中恢复一个信号。在具有参数$(2k,0.03/\sqrt{\lg k})$的约束等距条件下，ROMP 能从它的测量向量$\boldsymbol{y}$中精确地恢复一个k阶稀疏的信号$\boldsymbol{x}$。对于一个满足一致不确定性原则的测量矩阵$\boldsymbol{\Phi}$，ROMP 从它的压缩测量$\boldsymbol{y}$中恢复具有k个非零元素的信号$\boldsymbol{x}$，最多用k次迭代，其中每次迭代需要解决一个最小二乘问题。恢复信号的噪声强度与$\sqrt{\lg k}\|e\|_2$成正比。

算法 2.3　正则化的正交匹配追踪算法

输入：感知矩阵$\boldsymbol{\Phi}$，测量向量$\boldsymbol{y}$，稀疏度s，误差阈值ε

输出：$\boldsymbol{x}$的稀疏逼近$\hat{\boldsymbol{x}}$（$\boldsymbol{x}$的解），重建误差$\boldsymbol{r}$

1　初始化：索引集合$\boldsymbol{I}=\varphi$，残量$\boldsymbol{r}_0=\boldsymbol{x}$

2　重复如下步骤直到$\boldsymbol{r}=0$

3　计算$\boldsymbol{\mu}=\langle\boldsymbol{\Phi},\boldsymbol{r}_{t-1}\rangle$

4　选择s个最大的非零坐标构成的集合或者它的所有非零坐标，选两者小的那个，设为$\boldsymbol{J}$

正则化：在所有具有可比较坐标的子集$\boldsymbol{J}_0\subset\boldsymbol{J}$中要求满足$|\boldsymbol{u}(i)|\leqslant2|\boldsymbol{u}(j)|$，对所有的$i,j\subset\boldsymbol{J}_0$选择具有最大值$\|\boldsymbol{u}|_{\boldsymbol{J}_0}\|_2$

5　更新增加$\boldsymbol{J}_0$到索引集：$\boldsymbol{I}\leftarrow\boldsymbol{I}\cup\boldsymbol{J}_0$，更新残量：

$$\hat{\boldsymbol{x}}=\underset{z\in\mathbf{R}^I}{\arg\min}\|\boldsymbol{y}-\boldsymbol{\Phi}\boldsymbol{u}_{\boldsymbol{J}_0}\|_2\quad\boldsymbol{r}=\boldsymbol{y}-\boldsymbol{\Phi}\hat{\boldsymbol{x}}$$

算法需要知道待恢复信号的稀疏度这一先验知识，当然这里可以采用多种方法去预估稀疏度。其中常采用的方法是根据经验预判待恢复信号的各种可能的稀疏度，最后选择使$\|\boldsymbol{\Phi}\hat{\boldsymbol{x}}-\boldsymbol{x}\|_2$最小的$\hat{\boldsymbol{x}}$的稀疏度，而测试一个向量的稀疏度并不会带来额外的计算开销。

定理 2.4　测量矩阵 $\boldsymbol{\Phi}$ 满足值为（$8n, \varepsilon$）的 RIP 条件，$\varepsilon = 0.01/\sqrt{\lg n}$，对于任意一向量 $\boldsymbol{x} \in \mathbf{R}^N$，假定在测量中引入干扰，即 $\boldsymbol{y} = \boldsymbol{\Phi x} + \boldsymbol{e}$，其中 $\boldsymbol{e}$ 是误差矢量，则 ROMP 算法能得到一个对原信号矢量较好的近似：

$$\|\hat{\boldsymbol{x}} - \boldsymbol{x}_{2n}\|_2 \leqslant 159\sqrt{\lg 2n}\left(\|\boldsymbol{e}\|_2 + \frac{\|\boldsymbol{x} - \boldsymbol{x}_{2n}\|_1}{\sqrt{n}}\right) \tag{2.32}$$

式中，$\boldsymbol{x}_{2n}$ 表示向量 $\boldsymbol{x}$ 的最大 $2n$ 项，需要注意事项如下所示。

（1）实际上 $\boldsymbol{x}_{2n}$ 能够用 $\boldsymbol{x}_{(1+\delta)n}$ 替代，这仅仅影响了式（2.32）里的常数项。

（2）通过把定理 2.4 推广到向量 $\boldsymbol{x}$ 的最大 $2n$ 个元素项，可以得到待恢复向量 $\hat{\boldsymbol{x}}$ 的误差约束边界。其表示式为

$$\|\hat{\boldsymbol{x}} - \boldsymbol{x}\|_2 \leqslant 160\sqrt{\lg 2n}\left(\|\boldsymbol{e}\|_2 + \frac{\|\boldsymbol{x} - \boldsymbol{x}_n\|_1}{\sqrt{n}}\right) \tag{2.33}$$

在 L1 范数约束下的重构问题是一个凸优化问题，式（2.33）表示了其稳定的约束条件，实际上式（2.33）中的对数因子在 ROMP 算法中甚至是可以不需要的[75]。

与凸规划问题标准的解决方法不同的地方在于 ROMP 算法对于误差项 $\boldsymbol{e}$ 不需要先验知识，但需要确定待恢复向量的稀疏度，因此对于任意信号向量需要预估其稀疏度。

ROMP 算法对 $2n$ 阶稀疏向量进行恢复，实际上是找出原信号 $\boldsymbol{x}$ 的 $2n$ 个最大元素的近似值，即通过解向量 $\hat{\boldsymbol{x}}$ 的最大 $2n$ 项去逼近真实信号向量，其逼近程度为

$$\|\hat{\boldsymbol{x}}_{2n} - \boldsymbol{x}_{2n}\|_2 \leqslant 477\sqrt{\lg 2n}\left(\|\boldsymbol{e}\|_2 + \frac{\|\boldsymbol{x} - \boldsymbol{x}_n\|_1}{\sqrt{n}}\right) \tag{2.34}$$

2.6.4　分级逐步正交匹配追踪

本节主要介绍分级逐步正交匹配追踪（stagewise orthogonal matching pursuit, StOMP）算法。该算法用于对欠定系统求近似稀疏解。StOMP 算法在解决高维稀疏化问题上的收敛速度快于基追踪（basis pursuit，BP）算法和 OMP 算法，而且理论上 StOMP 算法寻找稀疏解的准确性和标准的 BP 算法一致。

StOMP 算法执行 s 步计算，对生成的残量 $\boldsymbol{x}_1, \boldsymbol{x}_2, \cdots$ 进行消去处理，得到一个近似解序列 $\boldsymbol{x}_0, \boldsymbol{x}_1, \cdots$。算法开始时，初始解向量 $\boldsymbol{x}_0 = 0$，初始残量 $\boldsymbol{r}_0 = \boldsymbol{y}$。迭代执行次数 $s = 1$。算法在执行过程中生成一个序列 $\boldsymbol{I}_1, \cdots, \boldsymbol{I}_s$，该序列表示了在向量 $\boldsymbol{x}_0$ 中非零值的位置。

第 s 步对当前的残量进行匹配过滤，得到一个残量相关性向量：

$$\boldsymbol{c}_s = \boldsymbol{\Phi}^{\mathrm{T}} \boldsymbol{r}_{s-1} \tag{2.35}$$

该向量表示信号受噪声干扰形成的向量，包含了起重要作用的少数非零值，因此算法下一步就是通过阈值处理来找出这些具有重要意义的非零值。阈值通常

是基于高斯假定进行选择，阈值处理会产生一个较小的下标向量集合 $\boldsymbol{J}_s$：

$$\boldsymbol{J}_s=\left\{j:\left|c_s(j)>t_s\sigma_s\right|\right\} \tag{2.36}$$

式中，σ_s 表示噪声强度，t_s 是一个阈值参数，然后算法归并下标向量 $\boldsymbol{J}_s$ 到上一步形成的下标集中。

$$\boldsymbol{I}_s=\boldsymbol{I}_{s-1}\cup\boldsymbol{J}_s \tag{2.37}$$

接着在 $\boldsymbol{\Phi}$ 的列上对向量 $\boldsymbol{y}$ 进行投影，$\boldsymbol{\Phi}_I$ 表示 $n\times|\boldsymbol{I}|$ 的矩阵（其中列是从 $\boldsymbol{I}$ 集合中选取的），因此在支撑集 $\boldsymbol{I}_s$ 下可以得到一个新的近似解 $\boldsymbol{x}_s$：

$$(\boldsymbol{x}_s)_{I_s}=\left(\boldsymbol{\Phi}_{I_s}^{\mathrm{T}}\boldsymbol{\Phi}_{I_s}\right)^{-1}\boldsymbol{\Phi}_{I_s}^{\mathrm{T}}\boldsymbol{y} \tag{2.38}$$

更新残量：

$$\boldsymbol{r}_s=\boldsymbol{y}-\boldsymbol{\Phi}\boldsymbol{x}_s$$

算法的终止条件依赖于设定的迭代次数或者时间，即（如 $s=10$）没有达到迭代次数或时间未到，继续 $s=s+1$，如果满足终止条件则输出 $\hat{\boldsymbol{x}}_s=\boldsymbol{x}_s$。算法描述如下。

算法 2.4　分级逐步正交匹配追踪算法

输入：感知矩阵 $\boldsymbol{\Phi}$，测量向量 $\boldsymbol{y}$，迭代次数 s，阈值 t_s

输出：$\boldsymbol{x}$ 的稀疏解 $\hat{\boldsymbol{x}}$

1　$\boldsymbol{x}^{(0)}\leftarrow 0,\ \boldsymbol{\Lambda}\leftarrow\boldsymbol{\phi}$

2　For i=1, ⋯ , s　do

3　$\boldsymbol{r}^{(i)}\leftarrow\boldsymbol{y}-\boldsymbol{\Phi}\boldsymbol{x}^{(i-1)}$；$\boldsymbol{v}^{(i)}\leftarrow\boldsymbol{y}-\boldsymbol{\Phi}\boldsymbol{x}^{(i-1)}$ //r 为残量

4　$\boldsymbol{\Gamma}^{(i)}\leftarrow\left\{j:|v_j^{(i)}>t_s\right\}$；$\boldsymbol{\Lambda}^{(i)}\leftarrow\boldsymbol{\Lambda}^{(i-1)}\cup\boldsymbol{\Gamma}^{(i)}$ //选择大于阈值 t_s 的元素

5　$\boldsymbol{x}^{(i)}\leftarrow\boldsymbol{\Phi}_{\Lambda^{(i)}}^{*}\boldsymbol{y}$ //投影 $\boldsymbol{y}$ 在 $\boldsymbol{\Phi}^*$ 上进行投影，$\boldsymbol{\Phi}^*$ 表示 $\boldsymbol{\Phi}$ 的逆

6　End for//当迭代次数小于设定的迭代阈值，则继续，否则进入步骤 7

7　$\hat{\boldsymbol{x}}\leftarrow\boldsymbol{x}^{(s)}$

StOMP 算法和 OMP 算法类似。StOMP 算法阈值选取的目标在于选择一个大于阈值的下标系集合，而 OMP 算法只是选择最大内积向量对应的下标，这是两者的最大区别。

2.6.5　子空间追踪

子空间追踪（subspace pursuit，SP）算法的基本思想是借用具有回溯的顺序编码理论，在每一次迭代过程中混合一个简单的方法重新估计所有候选者的可信性。对于一个 k 阶 RIP 条件的采样矩阵 $\boldsymbol{\Phi}$，SP 算法能够从它的无噪声测量中精确

恢复任意 k 阶稀疏信号。SP 算法的计算复杂度以 O（mMk）为上界，也可能减少到 O（$mM\lg k$）。为了描述 SP 算法，这里给出向量投影以及残量的概念。

定义 2.4　投影和残量：向量 $\boldsymbol{y}\in\mathbf{R}^m$，矩阵 $\boldsymbol{\Phi}_I\in\mathbf{R}^{m\times|I|}$，假定 $\boldsymbol{\Phi}_I^{\mathrm{T}}\boldsymbol{\Phi}_I$ 是可逆的，则 $\boldsymbol{y}$ 在 $\boldsymbol{\Phi}_I$ 张成的空间 span（$\boldsymbol{\Phi}_I$）上的投影定义为

$$\boldsymbol{y}_p=\mathrm{proj}(\boldsymbol{y},\boldsymbol{\Phi}_I)=\boldsymbol{\Phi}_I\boldsymbol{\Phi}_I^{\dagger}\boldsymbol{y} \tag{2.39}$$

式中，$\boldsymbol{\Phi}_I^{\dagger}=\left(\boldsymbol{\Phi}_I^{\mathrm{T}}\boldsymbol{\Phi}_I\right)^{-1}\boldsymbol{\Phi}_I^{\mathrm{T}}$ 表示矩阵 $\boldsymbol{\Phi}_I$ 的伪逆。投影后的残量向量为

$$\boldsymbol{y}_r=\mathrm{resid}(\boldsymbol{y},\boldsymbol{\Phi}_I)=\boldsymbol{y}-\boldsymbol{y}_p \tag{2.40}$$

进一步分析可以发现，投影和残量间的关系对于找到最优解起着重要作用。

关于投影和残量进一步说明如下。

（1）残量的正交性。对于任意的向量 $\boldsymbol{y}\in\mathbf{R}^m$，测量矩阵 $\boldsymbol{\Phi}_I\in\mathbf{R}^{m\times k}$ 是一个列满秩矩阵，使 $\boldsymbol{y}_r=\mathrm{resid}(\boldsymbol{y},\boldsymbol{\Phi}_I)$，则有 $\boldsymbol{\Phi}_I^{\mathrm{T}}\boldsymbol{y}_r=0$。

（2）投影和残量的近似逼近。假定一个矩阵 $\boldsymbol{\Phi}\in\mathbf{R}^{m\times N}$，且存在 $\boldsymbol{I},\boldsymbol{J}\subset\{1,\cdots,N\}$ 是两个不相交的集合，$\boldsymbol{I}\cap\boldsymbol{J}=\boldsymbol{\phi}$。假定 $\delta_{|\boldsymbol{I}|+|\boldsymbol{J}|}<1$，$\boldsymbol{y}\in\mathrm{span}(\boldsymbol{\Phi}_I),\boldsymbol{y}_p=\mathrm{proj}(\boldsymbol{y},\boldsymbol{\Phi}_J)$，同时有 $\boldsymbol{y}_r=\mathrm{resid}(\boldsymbol{y},\boldsymbol{\Phi}_I)$，则式（2.41）成立。

$$\|\boldsymbol{y}_p\|_2\leqslant\frac{\delta_{|\boldsymbol{I}|+|\boldsymbol{J}|}}{1-\delta_{|\boldsymbol{I}|+|\boldsymbol{J}|}}\|\boldsymbol{y}\|_2 \tag{2.41}$$

$$\left(1-\frac{\delta_{|\boldsymbol{I}|+|\boldsymbol{J}|}}{1-\delta_{|\boldsymbol{I}|+|\boldsymbol{J}|}}\right)\|\boldsymbol{y}\|_2\leqslant\|\boldsymbol{y}_r\|_2\leqslant\|\boldsymbol{y}\|_2 \tag{2.42}$$

SP 算法的主要步骤描述如下。

算法 2.5　子空间追踪算法

输入：感知矩阵 $\boldsymbol{\Phi}$，测量向量 $\boldsymbol{y}$，稀疏度 k

输出：$\boldsymbol{x}$ 的稀疏逼近 $\hat{\boldsymbol{x}}$（$\boldsymbol{x}$ 的解）且 $\hat{\boldsymbol{x}}_{\{1,\cdots,N\}-T}=0$，$\boldsymbol{x}_T=\boldsymbol{\Phi}_T^{\dagger}\boldsymbol{y}$

1　初始化：T={ $\boldsymbol{\Phi}_T^{\dagger}\boldsymbol{y}$ 中绝对值最大 k 项元素对应的下标}

　　$\boldsymbol{y}_r$=resid($\boldsymbol{y}$, $\boldsymbol{\Phi}_T$)//resid 表示残量

2　迭代：如果 $\boldsymbol{y}_r$=0，则退出迭代，否则继续

3　$T'=T\cup\{\boldsymbol{\Phi}_T^{\dagger}\boldsymbol{y}_r$ 中绝对值最大 k 项元素对应的下标}

4　$\boldsymbol{x}'_p=\boldsymbol{\Phi}_{T'}^{\dagger}\boldsymbol{y}$

5　T^*={ $\boldsymbol{x}'_p$ 中绝对值最大 k 项元素对应的下标}

　　$\hat{\boldsymbol{y}}_r=\mathrm{resid}(\boldsymbol{y},\boldsymbol{\Phi}_T)$

6　若 $\|\hat{\boldsymbol{y}}_r\|>\|\boldsymbol{y}_r\|$，$\hat{\boldsymbol{x}}=\boldsymbol{x}'_p$，退出迭代，否则 $T=T^*$，$\boldsymbol{y}_r=\hat{\boldsymbol{y}}_r$，进行下一轮迭代

SP 算法和 OMP 算法的主要区别在于产生索引集 $\boldsymbol{T}$ 的方式不同。在 OMP 方法中，每次迭代会选择最佳支撑集的一个或几个下标索引，并入到 $\boldsymbol{T}$ 中。一旦选定的下标索引加入到 $\boldsymbol{T}$ 中，则在后续的迭代过程都将保留下来。因此为了确保从下标集对应的测量矩阵 $\boldsymbol{\Phi}$ 中准确地计算出 $\boldsymbol{x}$ 的值，必须区分支撑集的正确性。而对 SP 算法来说，维度为 k 的 $\boldsymbol{T}$ 集在每次迭代计算过程中需要不断进行修正。一个索引下标对应的测量矩阵的列在前面几次迭代计算过程中是最佳的选择，但在后面的计算中可能表现出较差的准确度，因此 SP 算法能够根据上一步计算的结果在 $\boldsymbol{T}$ 集中增加或移除索引下标。这一改进是通过递归优化支撑集来确保测量向量 $\boldsymbol{y}$ 的子空间约减，确保 $\boldsymbol{y}$ 与 $\boldsymbol{\Phi x}$ 的差异最小。

2.6.6　可压缩采样的匹配追踪

可压缩采样的匹配追踪（compressive sampling matching pursuit，CoSaMP）算法是标准的匹配追踪算法的扩展[76]，该算法基于 OMP 算法的改进，但 CoSaMP 算法结合了组合算法中的思想以保证收敛速度和性能。

定理 2.5　假定 $\boldsymbol{\Phi} \in \mathbf{R}^{m\times n}$ 是满足 $2s$ 阶 RIP 条件的测量矩阵，即 $\delta_{2s} \leqslant c$ 。$\boldsymbol{y}=\boldsymbol{\Phi x}+\boldsymbol{w}$ 是对信号 $\boldsymbol{x}$ 的测量，$\boldsymbol{x}\in\mathbf{R}^n$ ，$\boldsymbol{w}\in\mathbf{R}^n$ 表示由噪声产生误差项。对于一个恢复精确度参数 η，CoSaMP 算法能够产生一个 s 稀疏向量 $\hat{\boldsymbol{x}}$ 满足：

$$\|\boldsymbol{x}-\hat{\boldsymbol{x}}\| \geqslant C \cdot \max\left\{\eta, \frac{1}{\sqrt{s}}\left\|\boldsymbol{x}-\boldsymbol{x}^{s/2}\right\|_1 + \|\boldsymbol{w}\|_2\right\} \tag{2.43}$$

式中，$\boldsymbol{x}^{s/2}$ 是 $\boldsymbol{x}$ 的 $s/2$ 阶稀疏的近似值。整个算法的时间复杂度为 $O\left(\rho\cdot\lg\left(\frac{\|\boldsymbol{x}\|_2}{\eta}\right)\right)$，$\rho$ 表示 $\boldsymbol{\Phi}$ 和 $\boldsymbol{\Phi}^{\mathrm{T}}$ 相乘的开销。为了分析 CoSaMP 算法，对该定理结论进行进一步扩展。对于大多数随机采样矩阵而言其满足 RIP 条件，且其采样数 $m=O(s\log_\alpha N)$ 。因此，该理论适应于当采样次数与目标稀疏度呈线性关系或与信号维度呈对数关系的场合。算法能够确保得到信号 $\boldsymbol{x}$ 的 s 阶的稀疏近似值，其恢复误差的 L2 范数与 $s/2$ 阶稀疏近似值 L1 范数误差是相当的。算法如下所示。

算法 2.6　可压缩采样的匹配追踪算法

输入：信号 $\boldsymbol{x}$ 的稀疏度 s，测量值 $\boldsymbol{y}$，测量矩阵 $\boldsymbol{\Phi}\in\mathbf{R}^{m\times n}$

输出：$\boldsymbol{x}$ 的恢复值 $\hat{\boldsymbol{x}}$

1　初始化：$\boldsymbol{x}^{(0)}\leftarrow 0$；$\boldsymbol{v}\leftarrow\boldsymbol{y}$；$k\leftarrow 0$

2　迭代：$k\leftarrow k+1$

3　$z \leftarrow \boldsymbol{\Phi}^{\mathrm{T}} \boldsymbol{v}$

4　$\boldsymbol{\Omega} \leftarrow \sup(z^{2s})$ // $\boldsymbol{\Omega}$ 表示 $2s$ 稀疏的支持集

5　$\boldsymbol{\Gamma} \leftarrow \boldsymbol{\Omega} \bigcup \sup\left(\boldsymbol{x}^{(k-1)}\right)$ //合并支撑集

6　$\tilde{\boldsymbol{x}} \leftarrow \arg\min_{\tilde{x}:\sup(\tilde{x})=\boldsymbol{\Gamma}} \left\|\boldsymbol{\Phi}\tilde{\boldsymbol{x}} - \boldsymbol{y}\right\|_2$ //解最小二乘问题

7　$\boldsymbol{x}^{(k)} \leftarrow \tilde{\boldsymbol{x}}^{s}$ 选取最佳 s 的个稀疏近似值

8　$\boldsymbol{v} \leftarrow \boldsymbol{y} - \boldsymbol{\Phi}\boldsymbol{x}^{(k)}$ //更新测量值

9　End while

10　$\hat{\boldsymbol{x}} \leftarrow \boldsymbol{x}^{(k)}$

11　Return　$\hat{\boldsymbol{x}}$

算法用零向量对待恢复信号向量进行初始化，残量用测量向量进行初始化。CoSaMP 算法的每一步迭代包含五个主要步骤。

判别（identification）：算法的第 4 步目的是在时间复杂度 O（N）内，找出残量矢量与测量矩阵相关性最大的 $2s$ 个项。

支撑集合并（support merge）：算法第 5 步在于合并支撑集，即找出最大的 $2s$ 项对应的索引下标与上一次找出的下标进行合并。

解估计（estimation）：步骤 6 通过最小二乘方法求解在 $\boldsymbol{\Gamma}$ 支撑集下的最优解。

修正（pruning）：第 7 步，算法通过保留上一步解估计的最大的 s 项进而得到一个新的待重建矢量的近似解。

样本更新（sample update）：最后一步更新残量，即用测量值 $\boldsymbol{y}$ 减去上一步近似解与测量矩阵乘积，得到的残量作为下一轮迭代的输入。

2.6.7　迭代硬阈值法

迭代硬阈值（iterative hard thresholding，IHT）法利用阈值函数 $\boldsymbol{H}:\mathbf{R}^n \to \mathbb{R}^n$，使得 $\mathbb{R}^n$ 除 k 个最大的元素外，其余的元素都为零，若 ξ 为判断阈值，则 $\boldsymbol{x}$ 中最大 k 个元素表示为

$$\boldsymbol{H}_k(x) = \begin{cases} \boldsymbol{x}_i, & |\boldsymbol{x}_i| \geqslant |\xi| \\ 0, & \text{其他} \end{cases} \tag{2.44}$$

通常认为 $\boldsymbol{H}_k(\boldsymbol{x})$ 是 $\boldsymbol{x}$ 的最稀疏的 k 阶近似，即 $\left\|\boldsymbol{x} - \boldsymbol{H}_k(\boldsymbol{x})\right\|_1$ 是最小的。因此，对于一个任意 n 维的矢量 $\boldsymbol{x} \in \mathbf{R}^n$，测量矩阵 $\boldsymbol{\Phi} \in \mathbf{R}^{m\times n}$，$\boldsymbol{y} \in \mathbf{R}^m$ 是 $\boldsymbol{x}$ 的 m 个测量值。IHT 算法用于解在约束条件 $\left\|\boldsymbol{y} - \boldsymbol{\Phi}\boldsymbol{x}\right\|_2 \leqslant \varepsilon$ 下，$\min\left\|\boldsymbol{x}\right\|_0$ 的优化问题。IHT 算法的迭

代公式表示为

$$\boldsymbol{x}^{n+1}=\boldsymbol{H}_k(\boldsymbol{x}^n+\boldsymbol{\Phi}^{\mathrm{T}}(\boldsymbol{y}-\boldsymbol{\Phi}\boldsymbol{x}^n)) \tag{2.45}$$

若测量矩阵 $\boldsymbol{\Phi}$ 满足 RIP 条件，则 IHT 算法的计算复杂度为 O（mn），若测量矩阵是进行傅里叶或小波变换后形成的结构化矩阵，则计算复杂度为 O（$n\lg m$）。这里进一步给出 IHT 算法流程。

算法 2.7　迭代硬阈值算法

输入：感知矩阵 $\boldsymbol{\Phi}\in\mathbf{R}^{m\times n}$，测量向量 $\boldsymbol{y}\in\mathbf{R}^m$，稀疏度 k

输出：$\boldsymbol{x}$ 的稀疏恢复值 $\tilde{\boldsymbol{x}}$

1　初始化：$\boldsymbol{x}_0=0$，$\boldsymbol{\Gamma}_0=\sup\left(\boldsymbol{H}_k\left(\boldsymbol{\Phi}^{\mathrm{T}}\boldsymbol{y}\right)\right)$

2　迭代：$\boldsymbol{g}_{(n)}=\boldsymbol{\Phi}^{\mathrm{T}}(\boldsymbol{y}-\boldsymbol{\Phi}\boldsymbol{x}_{(n)})$

3　$\hat{\boldsymbol{x}}_{n+1}=\boldsymbol{H}_k(\boldsymbol{x}_n+\boldsymbol{s}_n\boldsymbol{g}_n)$；$\boldsymbol{\Gamma}_{n+1}=\sup(\hat{\boldsymbol{x}}_{n+1})$ $\boldsymbol{s}_n=\left(\boldsymbol{g}_{\Gamma_n}^{\mathrm{T}}\boldsymbol{g}_{\Gamma_n}\right)/\left(\boldsymbol{g}_{\Gamma_n}^{\mathrm{T}}\boldsymbol{\Phi}_{\Gamma_n}^{\mathrm{T}}\boldsymbol{\Phi}_{\Gamma_n}\boldsymbol{g}_{\Gamma_n}\right)$

4　如果 $\boldsymbol{\Gamma}_{n+1}=\boldsymbol{\Gamma}_n$，则有 $\boldsymbol{x}_{n+1}=\hat{\boldsymbol{x}}_{n+1}$，若 $\boldsymbol{\Gamma}_{n+1}\neq\boldsymbol{\Gamma}_n$，判断下式是否成立：

$$\boldsymbol{s}_n\leqslant(1-c)(\|\hat{\boldsymbol{x}}_{n+1}-\boldsymbol{x}_n\|_2)/(\|\boldsymbol{\Phi}(\hat{\boldsymbol{x}}_{n+1}-\boldsymbol{x}_n)\|_2)$$

如果该式成立，则转步骤 5，否则继续迭代直到满足 $\boldsymbol{s}_n$ 的条件

5　$\boldsymbol{s}_n\leftarrow\boldsymbol{s}_n/(k(1-c))$；$\hat{\boldsymbol{x}}_{n+1}=\boldsymbol{H}_k(\boldsymbol{x}_n+\boldsymbol{s}_n\boldsymbol{g}_n)$；$\boldsymbol{\Gamma}_n=\sup(\hat{\boldsymbol{x}}_{n+1})$；$\boldsymbol{x}_n=\hat{\boldsymbol{x}}_{n+1}$；$\tilde{\boldsymbol{x}}=\boldsymbol{x}_n$

2.6.8　迭代重加权最小二乘法

迭代重加权最小二乘（iteratively re-weighted least squares，IRLS）法提供另外一种解决欠定系统重构的 L1 范数最小化问题的方法。该算法的基本思想源于如下理论。

定理 2.6[77]　如果 $\hat{\boldsymbol{x}}\in\mathbf{R}^n$ 是 L1 范数最小化问题的解，则有

$$\hat{\boldsymbol{x}}=\arg\min\|\boldsymbol{x}\|_1\text{，约束条件 }\boldsymbol{y}=\boldsymbol{\Phi}\boldsymbol{x} \tag{2.46}$$

式中，$\boldsymbol{y}\in\mathbf{R}^m$，$\boldsymbol{\Phi}\in\mathbf{R}^{m\times n}$。如果该等式的解向量 $\hat{\boldsymbol{x}}$ 中不包含 0 元素，则加权最小二乘问题有唯一解 $\boldsymbol{x}^w$。

$$\boldsymbol{x}^w=\arg\min\|\boldsymbol{x}\|_2\text{，约束条件 }\boldsymbol{y}=\boldsymbol{\Phi}\boldsymbol{x} \tag{2.47}$$

式中，$w\triangleq\left(\dfrac{1}{|\hat{\boldsymbol{x}}_1|},\cdots,\dfrac{1}{|\hat{\boldsymbol{x}}_n|}\right)\in\mathbf{R}^n$。

为了进一步解释定理 2.6，这里用反证法来说明该定理与式（2.46）和式（2.47）的关系。假定等式（2.46）的解向量 $\hat{\boldsymbol{x}}$ 不是式（2.47）的解，即不是 L2 范数最小

的解。对于 $\boldsymbol{\Phi}$ 的零空间 $n(n\in\ker(\boldsymbol{\Phi}))$，有式（2.48）成立：

$$\|\hat{\boldsymbol{x}}+n\|_{\mathrm{L2}(w)}<\|\hat{\boldsymbol{x}}\|_{\mathrm{L2}(w)} \tag{2.48}$$

$$\Leftrightarrow \frac{1}{2}\|n\|_{\mathrm{L2}(w)}<-\sum_{j=1}^{n}w_j n_j \hat{\boldsymbol{x}}_j=\sum_{j=1}^{n}n_j \mathrm{sign}(\hat{\boldsymbol{x}}_j) \tag{2.49}$$

然而，$\hat{\boldsymbol{x}}$ 是 L1 范数最小化问题的解，由于 $n\in\ker(\boldsymbol{\Phi})$，因此一定存在：

$$\|\boldsymbol{x}\|_I \leqslant \|\hat{\boldsymbol{x}}+\varepsilon\boldsymbol{n}\|_1,\quad \varepsilon\neq 0 \tag{2.50}$$

这里可以使 ε 足够小，以使式（2.51）成立：

$$\sum_{j=1}^{n}n_j \mathrm{sign}(\hat{\boldsymbol{x}}_j)=0 \tag{2.51}$$

这与矢量 $\hat{\boldsymbol{x}}$ 中不包含 0 元素的条件矛盾。

利用迭代方法对 L1 范数最小化问题进行求解还需要考虑一个关键的问题，如何选择初始的 $\hat{\boldsymbol{x}}$，即第一次迭代的测量值。Lawson 等采取了权重选择机制，通过定义权重 $w^{(0)}$对式（2.47）进行求解，其解的过程中将产生新的权重 $w^{(1)}$，每次迭代都将产生新的权重，而每步得到的权重有利于在下一步计算出更接近 $\boldsymbol{x}$ 的近似解。这种算法也叫做 Lawson 算法，能够扩展到求解 Lp（$1<p<3$）范数最小化问题。对于 $p=1$，采用加权迭代更新法的权重定义为

$$w_j^{(i+1)}=\frac{1}{\hat{\boldsymbol{x}}_j^{(i)}},\quad i=1,\cdots,n \tag{2.52}$$

如果等式（2.46）有唯一解，则算法收敛。从式（2.52）可以得出 $\hat{\boldsymbol{x}}$ 向量中某一元素值越大，其下一步迭代计算时权重值就越小。为了进一步给出加权迭代算法的过程，这里定义一个近似函数 $\mathcal{F}(z,w,\varepsilon)$：

$$\mathcal{F}(z,w,\varepsilon)\triangleq\frac{1}{2}\sum_{j=1}^{n}\left(z_j^2 w_j+\varepsilon^2 w_j+\frac{1}{w_j}\right) \tag{2.53}$$

式中，$z, w\in\mathbf{R}^n$，$\varepsilon>0$。需要注意该函数是一个凸函数。这里进一步定义一个 r 函数：$r^n\to\mathbf{R}^n$，$r(z)$表示了对向量 z 中的元素按绝对值大小非递增顺序排序，因此 $r(z)_j$ 表示了向量 z 的第 j 个绝对值最大的元素。算法流程如下。

算法 2.8　迭代重加权最小二乘法算法

输入：测量值 $\boldsymbol{y}$，测量矩阵 $\boldsymbol{\Phi}\in\mathbf{R}^{m\times n}$

输出：$\boldsymbol{x}$ 的恢复值 $\hat{\boldsymbol{x}}$

1　初始化：$w^{(0)}\leftarrow 1$，$\varepsilon^{(0)}=1$，迭代次数 i=1

2　迭代：$\varepsilon_i\neq 0$ do

3　$\boldsymbol{x}^{(i+1)}\leftarrow\arg\min_z \mathcal{F}\left(z, w^{(i)}, \varepsilon^{(i)}\right)$，subject to $\boldsymbol{y}=\boldsymbol{\Phi}z$ 迭代求解

---

4 $\varepsilon^{(i+1)} \leftarrow \min\left(\varepsilon^{(i)}, \frac{r(\boldsymbol{x}^{i+1})_{k+1}}{n}\right)$ 选择最小值作为误差阈值

5 $w^{(i+1)} \leftarrow \arg\min_{w>0} \mathcal{F}\,(\boldsymbol{x}^{(i+1)}, w, \varepsilon^{(i+1)})$ 确定一次计算的权重

$i \leftarrow i+1$

end while

6 $\hat{\boldsymbol{x}} = \boldsymbol{x}^{(i+1)}$

为了更好地对算法进行分析，这里对算法 i+1 次迭代改写为

$$\boldsymbol{x}^{(i+1)} \leftarrow \boldsymbol{D}_i\boldsymbol{\Phi}^{\mathrm{T}}\left(\boldsymbol{\Phi}\boldsymbol{D}_i\boldsymbol{\Phi}^{\mathrm{T}}\right)^{-1}\boldsymbol{y} \tag{2.54}$$

$$w_j^{(i+1)} \leftarrow \frac{1}{\sqrt{\left(\boldsymbol{x}_j^{(i+1)}\right)^2+\left(\varepsilon^{(i+1)}\right)^2}}, \ j=1, \cdots, n \tag{2.55}$$

式中，$\boldsymbol{D}_n$ 是一个 $n\times n$ 的对角矩阵，其元素为权重 $w^{(i)}$。

2.7 本 章 小 结

压缩感知理论的基本结构包括稀疏表示、测量矩阵构造以及重构算法。压缩感知下的数据采样大大减少了获取数据的代价，为高效、快速采样提供可靠保证，而健壮的重构算法确保了利用少量数据重建完整数据的精确性。本章主要讨论了压缩感知的基本模型，介绍了压缩感知理论的关键概念——稀疏度与相干性，以及约束等距条件，同时分析了它们在压缩感知理论体系中的作用。进一步介绍了常见的几种测量矩阵的构造方式，并对目前主流的重构算法进行了讨论。

第 3 章　稀疏表示模型与建立恰当的稀疏字典

通常信号具有可以稀疏表示的特性，而利用这一特性建立起来的压缩感知作为一种新的数据获取技术受到越来越多的关注。压缩感知正是通过压缩采样技术来实现将大量信息表示为小数据集。这一过程中，信号的稀疏性或可压缩性是压缩感知的重要前提和理论基础，因此压缩感知理论首要的研究任务就是信号的稀疏表示。通常情况下实现信号的稀疏表示的方式是在标准基坐标或者正交基下进行投影。然而，实际上许多信号在正交基下的投影并不是稀疏的。在这样的情况下，为了实现信号的稀疏表示就不能简单地采用正交投影，而是利用过完备字典（overcomplete dictionary）。也就是说，对于信号 $\boldsymbol{f} \in \mathbf{R}^n$ 可以表示为 $\boldsymbol{f} = \boldsymbol{D}\boldsymbol{x}$，其中 $\boldsymbol{D} \in \mathbf{R}^{d \times N}$ 是一个过完备字典，过完备字典中列数大于行数，即 $d<N$。目前，过完备字典广泛用于信号处理和数据分析。这里主要有两方面原因：一是由于使用小波进行信号稀疏表示时，如 Gabor 表示下信号的时间序列原子结构虽然通过频率参数和高斯函数参数的选取，Gabor 变换可以选取很多特征，但是 Gabor 是非正交的，不同特征分量之间有冗余，这导致很难找到恰当的能实现信号稀疏化的正交基；二是前期关于大数据集在过完备字典下的稀疏研究，为信号的稀疏化提供了有利的技术实现，如在去卷积等线性逆问题、X 射线断层扫描，甚至信号去噪等问题上，都采用了过完备字典来进行稀疏表示。因此，压缩感知作为另一种逆问题引入过完备字典是有助于问题的优化求解的。

在调和分析理论中，信号可以表示为一组基函数的线性组合。如傅里叶基、小波基等函数都可以作为线性变换中的原子。鉴于此，自然界中的信号可以通过基函数进行表示，且其在基函数上展开的大部分基函数系数为零，只有少部分基函数系数取较大的非零值。通常，称基函数为原子，所有原子的集合则为字典。稀疏表示的意义在于信号或者数据通过在字典上的表示，使其能量或关键特征集中于少量的原子上，这些原子有效地表示了信号或数据的特征结构。

过完备字典由冗余的过完备原子库构成，原子不再由单一的基函数构成。构造过完备字典的基本原则是：字典中的原子应尽可能地与信号本身的特征匹配。在这一原则下，过完备字典只能是非正交和冗余的。对于过完备字典而言，正是通过增加原子个数来提升字典系统的冗余性，进而增强对信号的表示能力和灵活度，因此信号可以在该字典变换系统下实现尽量稀疏的表示形式。当字典中的原子个数大于信号维度 M 且包含 M 个线性无关向量张成整个信号空间时，字典称为过完备的。基于过完备字典的稀疏分解使得信号特征集中在极少数原子上，也正是这些具有非零系数的原子匹配了信号的不同特征。

为了进一步理解过完备字典，下文给出了几个比较重要的过完备字典的构造方式。

3.1 过完备的DFT字典

考虑一个长度为 n 的一维离散时间序列信号 $\boldsymbol{x}$ 的离散傅里叶变换。信号表示为 $\{x(i), i=0, 1, \cdots, n-1\}$，其傅里叶变换序列为 $\{X(k), k=0, 1, \cdots, n-1\}$。

$$X(k)=\frac{1}{\sqrt{n}}\sum_{i=0}^{n-1}x(i)W_n^{ki}，\ W_n=\mathrm{e}^{-\mathrm{j}2\pi/n}，\ 0\leqslant k\leqslant n-1 \tag{3.1}$$

信号在傅里叶变换下是稀疏的情况，通常限于信号在DFT框架下频率是正弦叠加态的，实际上这种情况并不常见。为了方便对DFT构建的过完备字典的理解，这里给出一个简单表示形式。定义 $\boldsymbol{x}=[x(0)\ x(1)\ \cdots\ x(N-1)]^{\mathrm{T}}$，$\boldsymbol{X}=[X(0)\ X(1)\ \cdots\ X(N-1)]^{\mathrm{T}}$，且有

$$\boldsymbol{F}_n=\frac{1}{\sqrt{N}}\begin{bmatrix}1 & 1 & 1 & \cdots & 1\\ 1 & W_n^1 & W_n^2 & \cdots & W_n^{n-1}\\ 1 & W_n^2 & W_n^4 & \cdots & W_n^{2(n-1)}\\ \vdots & \vdots & \vdots & & \vdots\\ 1 & W_n^{n-1} & W_n^{2(n-1)} & \cdots & W_n^{(n-1)(n-1)}\end{bmatrix}$$

矩阵 $\boldsymbol{F}_n$ 是单位正交的，即 $\boldsymbol{F}_n\cdot\boldsymbol{F}_n^{\mathrm{T}}=\boldsymbol{F}_n^{\mathrm{T}}\cdot\boldsymbol{F}_n=\boldsymbol{I}_n$。因此信号的傅里叶变换可以表示为信号在傅里叶矩阵下的投影 $\boldsymbol{X}=\boldsymbol{F}_n\boldsymbol{x}$。对标准的DFT矩阵进行扩展，若加入单位矩阵 $\boldsymbol{I}_n$，则得到过完备字典 $\boldsymbol{D}=[\boldsymbol{I}_n,\boldsymbol{F}_n^{\mathrm{T}}]$。

3.2 DCT稀疏基

对于一个长度为 n 的一维离散时间序列信号 $\boldsymbol{x}=\{x(i), i=0, 1, \cdots, n-1\}$ 的离散余弦变换序列为 $\{C(k), k=0, 1, \cdots, n-1\}$，数学表示如下：

$$C(k)=a(k)\sum_{i=0}^{N-1}x(i)\cos\left(\frac{(2i+1)k\pi}{2n}\right)，\ 0\leqslant k\leqslant n-1 \tag{3.2}$$

式中，$a(k)=\begin{cases}\sqrt{1/n}, & k=0\\ \sqrt{2/n}, & 1\leqslant k\leqslant n-1\end{cases}$

根据DCT的公式，可以构建正交的DCT基矩阵，其表示如下：

$$
\boldsymbol{C}_n = \begin{bmatrix}
\frac{1}{\sqrt{n}} & \frac{1}{\sqrt{n}} & \frac{1}{\sqrt{n}} & \cdots & \frac{1}{\sqrt{n}} \\
\sqrt{\frac{2}{n}} & \sqrt{\frac{2}{n}} & \sqrt{\frac{2}{n}} & \cdots & \sqrt{\frac{2}{n}} \\
\sqrt{\frac{2}{n}}\cos\frac{\pi}{2n} & \sqrt{\frac{2}{n}}\cos\frac{3\pi}{2n} & \sqrt{\frac{2}{n}}\cos\frac{5\pi}{2n} & \cdots & \sqrt{\frac{2}{n}}\cos\frac{(2n-1)\pi}{2n} \\
\vdots & \vdots & \vdots & & \vdots \\
\sqrt{\frac{2}{n}}\cos\frac{(k-1)\pi}{2n} & \sqrt{\frac{2}{n}}\cos\frac{3(k-1)\pi}{2n} & \sqrt{\frac{2}{n}}\cos\frac{5(k-1)\pi}{2n} & \cdots & \sqrt{\frac{2}{n}}\cos\frac{(2n-1)(k-1)\pi}{2n}
\end{bmatrix}
$$

矩阵 $\boldsymbol{C}_n$ 是单位正交的，即 $\boldsymbol{C}_n \cdot \boldsymbol{C}_n^{\mathrm{T}} = \boldsymbol{C}_n^{\mathrm{T}} \cdot \boldsymbol{C}_n = \boldsymbol{I}_n$。因此信号的离散余弦变换可以表示为信号在离散余弦变换矩阵下的投影 $\boldsymbol{X}=\boldsymbol{C}_n\boldsymbol{x}$。

3.3　Gabor 稀疏基

对于一个固定核函数 g 以及正的时间频率域的窗口平移参数 a 和 b，Gabor 矩阵第 k 列（其中 k 是双索引 $k=(k_1, k_2)$）表示如下：

$$
\boldsymbol{G}_k = g(t-k_2 a)\mathrm{e}^{2\pi k_1 bt} \tag{3.3}
$$

在图像、雷达、传感系统等各种工程应用中，其信号目标函数可以表示为

$$
f(t) = \sum_{i=1}^{k} a_j w\left(\frac{t-t_j}{\sigma_j}\right)\mathrm{e}^{\mathrm{i}w_j t} \tag{3.4}
$$

由于这些应用需要考虑时域信号频谱特性，Gabor 框架被广泛应用[78]。当然如果需要从压缩的采样信号序列中恢复原信号，标准的 Gabor 字典就显得无能为力，需要对其进行扩展形成过完备的 Gabor 字典。

在过完备字典下信号的稀疏表示模式可以表达为：利用一个矩阵 $\boldsymbol{D} \in \mathbf{R}^{d\times N}$，$d<N$，根据表达式 $\boldsymbol{y}\approx\boldsymbol{D}\boldsymbol{x}$ 得到信号的稀疏近似。$\boldsymbol{y}\in\mathbf{R}^d$ 和 $\boldsymbol{x}\in\mathbf{R}^N$ 分别是原信号和信号的稀疏近似。该过程完整的数学模型为

$$
\hat{\boldsymbol{x}} = \arg\min_{\boldsymbol{x}} \|\boldsymbol{x}\|_0, \quad \text{s.t.} \quad \|\boldsymbol{y}-\boldsymbol{D}\boldsymbol{x}\|^2 \leqslant \xi \tag{3.5}
$$

式中，$\|\cdot\|_0$ 表示稀疏度，即非零元素的个数；ξ 表示阈值，是较小的正数。由于该问题是一个 NP 难问题，目前提出的许多算法只能找到近似解。但通过构建合适的字典 $\boldsymbol{D}$ 可以提高解的稀疏度，逼近 $\boldsymbol{y}$ 的稀疏解。常见的字典结构是正交基字典或者紧框架字典[79, 80]。这些字典进一步可以通过字典学习过程改善其性能，甚至能自适应地构建起过完备字典[81]。本章提出的字典学习方法采用一个初始字典作为训练集，通过迭代学习，最终目标是寻找一个最佳的字典，使信号在该字典下的表示是稀疏的。

3.4 字典设计

目前构造过完备字典有两种方法：一种是通过字典学习（dictionary learning）来构造过完备字典。该方法采用一个初始字典作为训练集，通过多重迭代训练得到一类信号的最稀疏近似。另外一种字典构造方法，叫做字典设计（dictionary design）。字典设计的基本思想在于：数据由字典元素按照一定方式构成，而字典由许多参数和相应的含参函数组成，这些函数是构造字典的基本元素。例如，在多尺度 Gabor（multiscale Gabor）函数中，其参数就是尺度、时间、频移，其参数函数值服从高斯分布。通常情况下，参数是在连续域上的。为了产生字典，我们需要对连续参数进行取样，而问题是怎样选取参数才是最优的。研究者引入了不同的方法来优化参数的选取。在文献[82]中一种利用了 2D Gabor 函数建立的参数选取方法用来产生紧框架（tight frame）字典。一些研究者也对感知系统的稀疏近似参数进行优化[83, 84]设计。事实上，文献[85]给出了一种无需先验参数的信息就可以实现对字典参数的优化选取，并用于人类听觉信号的稀疏处理。

当我们用逼近或松弛的方法来寻求数据的稀疏近似表示时，现有的稀疏模型不能保证数据的最稀疏化表示。在参数字典设计中，为了实现完美的稀疏表示和恢复，一个重要的参数就是相干性（coherence）μ[53]。相干性指的是字典中任意两个不同原子的内积最大的值。只有当 μ 足够小，才可以采用匹配追踪、基追踪之类的算法实现信号的稀疏恢复[47, 86, 87]。因此 μ 是对信号进行稀疏编码的一个重要参数，一个好的字典其 μ 值是比较小的。对于字典 $\boldsymbol{D}$，考虑 $\boldsymbol{G}=\boldsymbol{D}^{\mathrm{T}}\boldsymbol{D}$ 是一个格拉姆（Gram）字典矩阵。

定义 3.1　n 维欧氏空间中任意 k（$k\leqslant n$）个向量，$\boldsymbol{a}_1, \boldsymbol{a}_2, \cdots, \boldsymbol{a}_k$ 的内积所组成的矩阵如下：

$$\Delta(\boldsymbol{a}_1,\boldsymbol{a}_2,\cdots,\boldsymbol{a}_k)=\begin{pmatrix}(\boldsymbol{a}_1,\boldsymbol{a}_1) & (\boldsymbol{a}_1,\boldsymbol{a}_2) & \cdots & (\boldsymbol{a}_1,\boldsymbol{a}_k)\\(\boldsymbol{a}_2,\boldsymbol{a}_1) & (\boldsymbol{a}_2,\boldsymbol{a}_2) & \cdots & (\boldsymbol{a}_2,\boldsymbol{a}_k)\\\vdots & \vdots & & \vdots\\(\boldsymbol{a}_k,\boldsymbol{a}_1) & (\boldsymbol{a}_k,\boldsymbol{a}_2) & \cdots & (\boldsymbol{a}_k,\boldsymbol{a}_k)\end{pmatrix}$$

称为 k 个向量 $\boldsymbol{a}_1, \boldsymbol{a}_2, \cdots, \boldsymbol{a}_k$ 的格拉姆矩阵，它的行列式 $\boldsymbol{G}(\boldsymbol{a}_1, \boldsymbol{a}_2, \cdots, \boldsymbol{a}_k)=\Delta|(\boldsymbol{a}_1, \boldsymbol{a}_2, \cdots, \boldsymbol{a}_k)|$称为格拉姆行列式。

$\boldsymbol{D}$ 的相干度就是 $\boldsymbol{D}$ 的非对角元素中最大绝对值。如果 $\boldsymbol{D}$ 中所有非对角元素值是相等的，则 $\boldsymbol{D}$ 有最小相干度[88]。这种正则化字典被称作等角紧框架（equiangular tight frame，ETF）字典。这种框架字典有许多好的特性，但这里仅考虑它用于完成准确的信号恢复和实现残量误差的递减性所表现出来的优势。遗憾的是并不是

任意的 $d\times N$ 的矩阵都是 ETF。因此字典设计可以描述为：找到一个合适的参数字典，该字典的格拉姆矩阵是接近于 ETF 的格拉姆矩阵的。因此，一类对信号具有较好稀疏表示能力的字典，可以通过拟合信号函数中的参数进行取样来生成字典，这样的字典是等角紧框架的，其具有良好的稀疏恢复能力。在实验中，将进一步展示参数设计字典相对于一般的稀疏字典在信号稀疏表示和恢复上的优势。对于参数字典，另一个好处只需要存储生成字典的函数和参数，不需要保留整个字典，这大大地节约了存储开销。而通常情况下，字典矩阵的尺度远远大于对应的参数矩阵。

当然参数字典设计方法也有不利的方面。一是这种方法是一种数据独立性方法，对每类数据需要专门地进行字典学习。二是现有的算法产生格拉姆矩阵的复杂度比较高，因此参数字典对于数据分块比较大的信号是比较难处理的。

3.4.1　参数字典设计

在本节中，我们把参数字典设计作为一个优化问题来分析。假定 $\boldsymbol{D}_{\Gamma}\in\boldsymbol{\Omega}$ 是一个参数字典；$\boldsymbol{\Gamma}$ 是一个参数矩阵，$\boldsymbol{\gamma}_i$ 表示 $\boldsymbol{\Gamma}$ 的第 i 列，$\boldsymbol{\Omega}$ 是一个参数字典集合。$\boldsymbol{D}_{\Gamma}$ 的每一列被称为一个原子，用 $\boldsymbol{d}_i$ 表示（对应参数 $\boldsymbol{\gamma}_i$）。为了选择合适的 $\boldsymbol{\Gamma}$（$\boldsymbol{\Gamma}\in\varUpsilon$，其中 $\varUpsilon$ 是参数集），需要引入对象函数。在这个部分我们设计一个趋近于 EFT 的字典，使其具有良好的稀疏能力。考虑一个正则化矩阵 $\boldsymbol{D}$，其相干度 μ_D 被定义为

$$\mu_D=\max_{i,j:j\neq i}\{|(\boldsymbol{d}_i,\boldsymbol{d}_j)|\} \tag{3.6}$$

一个列正则化字典 $\boldsymbol{D}_G$ 被称为 ETF，当且仅当存在 $\gamma:0<\gamma<\pi/2$，且满足：

$$|(\boldsymbol{d}_i,\boldsymbol{d}_j)|=\cos(\gamma):\forall i,j,\quad i\neq j \tag{3.7}$$

Strohmer 等在文献[89]中指出如果在参数字典集合 $\boldsymbol{\Omega}$ 中存在满足 ETF 的特征表示，则符合 ETF 特性的 $d\times N$ 一致性框架矩阵是如下表达式的解集：

$$\arg\min_{\boldsymbol{D}\in\boldsymbol{\Omega}}\{\mu_D\} \tag{3.8}$$

该式表明符合 EFT 的字典，其 μ 值应该是最小的。为了进一步研究 μ_D 的下确界，文献[90]提出了一种理论框架，该理论指明当 $\boldsymbol{D}\in\mathbf{R}^{d\times N}$，满足 ETF 要求时，则有

$$\mu_D\geqslant\mu_G=\sqrt{\frac{N-d}{d(N-1)}} \tag{3.9}$$

当且仅当 $\boldsymbol{D}$ 是 ETF 时，式（3.9）才成立。换言之，当 $N\leqslant\dfrac{d(d+1)}{2}$ 时，式（3.9）成立。

假定$\boldsymbol{\Theta}_d^N$是一个 $d \times N$ 的格拉姆矩阵集合，如果$\boldsymbol{G}_G \in \boldsymbol{\Theta}_d^N$，且$\boldsymbol{G}_G$对角元素的值和非对角元素的绝对值分别是 1 和$\mu_G$，判别一个矩阵$\boldsymbol{D} \in \mathbf{R}^{d \times N}$是否是 EFT，一个简单的方法是通过计算$\boldsymbol{D}$的格拉姆矩阵与$\boldsymbol{G}_G \in \boldsymbol{\Theta}_d^N$的最小距离[91]来判断。一个 ETF 的字典的距离表达式如下：

$$\min_{\Gamma \in \Upsilon, \boldsymbol{G}_G \in \boldsymbol{\Theta}_d^N} \left\| \boldsymbol{D}_\Gamma^{\mathrm{T}} \boldsymbol{D}_\Gamma - \boldsymbol{G}_G \right\|_\infty \tag{3.10}$$

$\|\cdot\|_\infty$算子表示矩阵所有元素的最大绝对值。事实上，我们可以采用不同的范数空间来简化该问题，这里采用 L2 范数。基于这样的前提，当在参数字典集合$\boldsymbol{\Omega}$中不存在符合 ETF 的子集时，我们可以寻找一种近似不相干字典来逼近 ETF 条件。这里，矩阵的 L2 范数通过 Frobenius 范数表示。因此式（3.10）表示为

$$\min_{\Gamma \in \Upsilon, \boldsymbol{G}_G \in \boldsymbol{\Theta}_d^N} \left\| \boldsymbol{D}_\Gamma^{\mathrm{T}} \boldsymbol{D}_\Gamma - \boldsymbol{G}_G \right\|_F^2 \tag{3.11}$$

$\|\cdot\|_F$表示 Frobenius 范数。式（3.11）是一个非凸优化问题。对该问题的求解有两种可能性，即可能存在一个解集，还有一种就是可能无解（如由于不总是存在$N \times d$的 ETF 字典，故$\boldsymbol{\Theta}_d^N$是空，则式（3.11）无解）。为了便于求解，可以扩展$\boldsymbol{\Theta}_d^N$到一个非空凸集$\boldsymbol{\Lambda}^N$ [88]。

$$\boldsymbol{\Lambda}^N = \{\boldsymbol{G} \in \mathbf{R}^{N \times N} : \boldsymbol{G} = \boldsymbol{G}^{\mathrm{T}},\ \operatorname{diag} \boldsymbol{G} = 1, \max_{i \neq j} | g_{i,j} | \leqslant \mu_G\} \tag{3.12}$$

通过把$\boldsymbol{\Theta}_d^N$集合松弛到$\boldsymbol{\Lambda}^N$集，式（3.11）可以表示为

$$\min_{\Gamma \in \Upsilon, \boldsymbol{G}_G \in \boldsymbol{\Lambda}^N} \left\| \boldsymbol{D}_\Gamma^{\mathrm{T}} \boldsymbol{D}_\Gamma - \boldsymbol{G} \right\|_F^2 \tag{3.13}$$

通过对约束集合的松弛，保证了式（3.13）至少有一个解。后面实验将表明即便字典的格拉姆矩阵仅仅是趋近于$\boldsymbol{\Lambda}^N$，对式（3.13）求解得到的字典对信号也具有较好的稀疏表示能力。

在本章中，提出了一种有效的方法来寻求式（3.13）的近似解，该方法类似于交替最小化方法，确保了在每次迭代中对象函数值是非递增的。由于目标是非负的，根据李雅普诺夫稳定性第二定理，这种方法确保了目标函数的逐步约减并快速收敛。

3.4.2 参数字典生成算法

解式（3.13）的标准方法是交替投影法。该方法采用交替迭代的方式投影当前解到可行解集中。在有限维环境下，当可行解集是凸集时，算法收敛到$\boldsymbol{\Omega} \cap \boldsymbol{\Lambda}^N$中的一个解；当$\boldsymbol{\Omega} \cap \boldsymbol{\Lambda}^N = \boldsymbol{\phi}$时，算法分别在$\boldsymbol{\Omega}$和$\boldsymbol{\Lambda}^N$有一个解。因此可以得到一个在$\boldsymbol{\Lambda}^N$上投影的表达式，但在可行解字典集上建立投影表达式，需要搜索所有可行解空间，计算复杂度较高。因此，本节采用一种类似交替最小化的方法来解决

这个问题。在交替最小化框架下，通过在 $\boldsymbol{\Omega}$ 和 $\boldsymbol{\Lambda}^N$ 中交替选择最新解，以确保目标函数值在每步迭代过程中不会增加，并趋于稳定。如果算法收敛，这个固点（解）存在于 $\boldsymbol{\Omega} \cap \boldsymbol{\Lambda}^N$ 中，或者分别是在 $\boldsymbol{\Omega}$ 和 $\boldsymbol{\Lambda}^N$ 中的两个点。

本书提出的方法借鉴了交替最小化的思想，但迭代过程是不一样的，不同之处在于在集合 $\boldsymbol{\Lambda}^N$ 中去更新当前解。本书提出的方法是选择一个在当前解和 $\boldsymbol{\Lambda}^N$ 集上投影之间的一点。这样修正的原因在于通过在 $\boldsymbol{\Lambda}^N$ 上的投影，改变了格拉姆矩阵的结构，以便在 $\boldsymbol{\Omega}$ 中选择新的点。而标准的交替最小化方法选择这样的点比较困难。通过该方法当 $\boldsymbol{D}_\Gamma$ 近似于 $\boldsymbol{\Lambda}^N$ 时，就可以逐步去逼近在 $\boldsymbol{\Lambda}^N$ 中的投影，在后续的步骤中，就可以对 $\boldsymbol{D}$ 进行更新，同时也不会增加式（3.13）的值。

算法 3.1 给出了参数字典设计流程。算法在第 4 步建立了在 $\boldsymbol{\Lambda}^N$ 上的投影，在第 6 步给出了在 $\boldsymbol{\Omega}$ 中选择一个靠近 $\boldsymbol{G}_{\boldsymbol{R}_{k+1}}$ 的点的方法。后面将分析第 4、6 步如何完成更新过程。

算法 3.1　参数字典设计

输入：参数字典生成函数构建的初始字典 $\boldsymbol{D}_T$

输出：参数字典 $\boldsymbol{G}_T$

1　初始化：$k=1$，$\boldsymbol{D}_{\Gamma_1} \in \boldsymbol{\Omega}$，$\{\alpha_i\}_{1\leqslant i\leqslant K}$：$0<\alpha_i \leqslant 1$

2　当 $k \leqslant K$ 执行下列步骤，否则执行步骤 8

3　$\boldsymbol{G}_{\Gamma_k} = \boldsymbol{D}_{\Gamma_k}^{\mathrm{T}} \boldsymbol{D}_{\Gamma_k}$

4　$\boldsymbol{G}_{\boldsymbol{P}_{k+1}} = \min_{G\in\boldsymbol{\Lambda}^N} \left\| \boldsymbol{G}_{\Gamma_k} - \boldsymbol{G} \right\|_F$

5　$\boldsymbol{G}_{\boldsymbol{R}_{k+1}} = \alpha_k \boldsymbol{G}_{P_{k+1}} + (1-\alpha_k)\boldsymbol{G}_{\Gamma_k}$

6　$\boldsymbol{G}_{\Gamma_{k+1}} \in \boldsymbol{D}_{\Gamma_k} \cup \left\{ \forall \boldsymbol{D} \in \boldsymbol{\Omega} : \left\| \boldsymbol{D}^{\mathrm{T}}\boldsymbol{D} - \boldsymbol{G}_{R_{k+1}} \right\|_F < \left\| \boldsymbol{G}_{\Gamma_k} - \boldsymbol{G}_{\boldsymbol{R}_{k+1}} \right\|_F \right\}$

7　$k=k+1$，执行步骤 2

8　结束

（1）在 $\boldsymbol{\Lambda}^N$ 上的投影。

在对象函数（3.13）中，$\boldsymbol{G}$ 是 Hermitian 矩阵，通过改变其非对角元素的符号（$g_{i,j}$ 与 $g_{j,i}$），可以得到一个新的矩阵 $\tilde{\boldsymbol{G}} \in \boldsymbol{\Lambda}^N$。$\boldsymbol{D}_\Gamma^{\mathrm{T}}\boldsymbol{D}_\Gamma$ 是在 Frobenius 空间中与 $\boldsymbol{G}$ 有类似变换方式的转换矩阵。理论上在 Frobenius 范数空间，在一个集合中寻找一个点的最近元素实际上就是该点在集合上进行投影，由于 $\boldsymbol{\Lambda}^N$ 是凸集，则投影是唯一的。对于给定的 $\boldsymbol{G}_D = \boldsymbol{D}^{\mathrm{T}}\boldsymbol{D}, \boldsymbol{D} \in \mathbf{R}^{d\times N}$，$\boldsymbol{G}_D$ 在 $\boldsymbol{\Lambda}^N$ 上的投影可以通过如下关系建立[88]：

$$g_{P_{i,j}}=\begin{cases}\operatorname{sign}(g_{D_{i,j}})\mu_G, & i\neq j\\ 1, & 其他\end{cases} \tag{3.14}$$

式中，μ_G 已在式（3.9）中定义。该参数结合 $\boldsymbol{G}_{\Gamma_k}$ 被用于找到在算法 3.1 中第 4 步的 $\boldsymbol{G}_{\boldsymbol{P}_{k+1}}$。

（2）参数更新。

假定 $\boldsymbol{D}_\Gamma$ 是在 $\varUpsilon$ 上可导的函数，故式（3.13）在 $\varUpsilon$ 上也是可导的。根据算法 3.1 的第 6 步，求解 $\boldsymbol{\Gamma}_{k+1}$ 可以采用梯度下降法。当固定 $\boldsymbol{G}_{\boldsymbol{R}_{k+1}}$ 时，作为基于 $\boldsymbol{\Gamma}$ 的最小化问题，可以进一步改写式（3.13）为

$$\min_{\Gamma\in\varUpsilon}\phi(\boldsymbol{\Gamma}),\phi(\boldsymbol{\Gamma})=\left\|\boldsymbol{D}_\Gamma^{\mathrm{T}}\boldsymbol{D}_\Gamma-\boldsymbol{G}_{\boldsymbol{R}_{k+1}}\right\|_F^2 \tag{3.15}$$

通过矩阵函数的链式规则可以得到函数（3.15）的梯度[92]：

$$\nabla_\Gamma\phi=\nabla_\Gamma\boldsymbol{D}_\Gamma\nabla_{\boldsymbol{D}_\Gamma}\phi=4\nabla_\Gamma\boldsymbol{D}_\Gamma(D_\Gamma\boldsymbol{D}_\Gamma^{\mathrm{T}}\boldsymbol{D}_\Gamma-\boldsymbol{D}_\Gamma\boldsymbol{G}_{\boldsymbol{R}_{k+1}}) \tag{3.16}$$

然后通过迭代使用梯度下降法去搜索式（3.16）的局部最小解。设 $\boldsymbol{\Gamma}_k^{[0]}=\boldsymbol{\Gamma}_k$，则迭代更新规则如下：

$$\boldsymbol{\Gamma}_{k+1}^{[l+1]}=\boldsymbol{\Gamma}_k^{[l]}-\varepsilon\nabla_\Gamma\phi|_{\Gamma_k^{[l]}} \tag{3.17}$$

式中，ε 表示一较小的正数，其恰当的取值可以约减式（3.15）每步的迭代更新值。在这个框架下，$\boldsymbol{\Gamma}_{k+1}=\lim_{l\to\infty}\boldsymbol{\Gamma}_{k+1}^{[l]}$。事实上，在算法执行过程中，当迭代达到一定次数或者 $\nabla_\Gamma\phi|_{\Gamma_k^{[l]}}$ 已经变得很小时，算法就会终止。算法 3.2 给出参数更新的步骤。

算法 3.2　参数更新

输入：初始参数集 $\boldsymbol{\Gamma}=(\boldsymbol{\Gamma}_1,\boldsymbol{\Gamma}_2,\cdots,\boldsymbol{\Gamma}_L)$，生成字典 $\boldsymbol{D}$

输出：更新后的参数集

1　初始化：l=1, 1≤L, $\boldsymbol{\Gamma}_k^{[0]}=\boldsymbol{\Gamma}_k$，$\varepsilon\in\mathbf{R}^+$，$\phi(\boldsymbol{\Gamma})=\left\|\boldsymbol{D}_\Gamma^{\mathrm{T}}\boldsymbol{D}_\Gamma-\boldsymbol{G}\right\|_F^2$

2　对于 $l\leqslant L$，执行下面第 3，4 步，否则执行第 5 步

3　$\boldsymbol{\Gamma}_{k+1}^{[l+1]}=\boldsymbol{\Gamma}_k^{[l]}-\varepsilon\nabla_\Gamma\phi|_{\Gamma_k^{[l]}}$

4　$l=l+1$，转到第 2 步执行

5　$\boldsymbol{\Gamma}_{k+1}=\boldsymbol{\Gamma}_{k+1}^{[L]}$

进一步分析算法 3.1 的收敛性能，定理 3.1 给出了其收敛性保证。

定理 3.1　设 $\boldsymbol{D}_\Gamma$ 是可微的，则算法 3.1 以 $\boldsymbol{\Gamma}_0\in\varUpsilon$（$\varUpsilon$ 是一紧凑集合）作为起点集合，能够收敛到一个固点集（fixed points）。

从算法 3.1 中可以看出，每一次参数更新步骤都能够减少 $\boldsymbol{G}_{\boldsymbol{\Gamma}_k}$ 与 $\boldsymbol{G}_k$ 间的距离。且式（3.13）在 $\boldsymbol{\Gamma}$ 上是连续的，则解空间是一个紧凑空间。定理 3.1 可以通过 Bolzano-Weierstras 定理来证明，该定理确保了在字典 $\{\boldsymbol{D}_{\boldsymbol{\Gamma}_k}\}_{k\in\mathbf{N}}$ 序列中至少存在一个聚点，且算法 3.1 的第 6 步避免了连续聚点的存在，因此聚点只能是一个固点集合。

3.5 实验方案

为了展现参数设计字典的优势，本节针对音频稀疏处理过程设计了一个字典方案。对于音频稀疏处理目前大多数方法是通过对训练样本的拟合来建立稀疏字典[81, 93, 94]。例如，一些研究者采用基于 Gammatone 滤波组的参数字典实现对音频的稀疏表示，该方法与人类听觉系统的信息获取过程类似[82, 95]。本节将展示参数字典设计提升音频信号的稀疏表示能力，其基于 Gammatone 函数的恢复精度也大大提升。

3.5.1 Gammatone 参数字典

Gammatone 字典的生成函数如下：

$$g(t) = at^{n-1}\mathrm{e}^{-2\pi bBt}\cos(2\pi f_{\mathrm{c}}t) \tag{3.18}$$

式中，$B = f_{\mathrm{c}}/Q + b_{\min}$，$f_{\mathrm{c}}$是中心频率，$n\in\mathbf{N}$，$a$，$b$，$Q$，$b_{\min}$是常数。该字典的最优参数选择是比较困难的事情。通常采用的参数是与听觉脉冲（Gammatone 脉冲）对应的原子项作为字典参数，而这些参数在实际应用中并不是最优参数。本节的目标是优选这些参数以便生成的稀疏字典能更好地表示数据特征。使用 Gammatone 过滤函数的另外一个困难在于其生成的字典规模较大，用来进行稀疏化的时间较长，因此合适的字典大小也是进行字典设计时需要考虑的重要因素。

字典通过采样参数 $g(t-t_{\mathrm{c}})$ 产生，这里 t_{c} 表示时间偏移。在本节中 $\Upsilon=[t_{\mathrm{c}}, f_{\mathrm{c}}, n, b]^{\mathrm{T}}$ 是优化参数。参数 f_{c} 用于确定频率域的偏移量。n 和 b 分别用来控制原子项在时间域的偏移时间和宽度。参数 a 被用来正则化原子项的单位长度。$\{\gamma_i\}_{1\leqslant i\leqslant N}$ 表示一参数集合，$g_{\gamma_i}(t)$ 是由 $\boldsymbol{\gamma}_i$ 产生的原子项。参数矩阵 $\boldsymbol{\Gamma}$ 和参数字典 $\boldsymbol{D}_{\boldsymbol{\Gamma}}$ 分别由 $\boldsymbol{\gamma}_i$ 和 $g_{\gamma_i}\left(\lfloor tf_{\mathrm{samp}}\rfloor\right)$ 作为列，f_{samp} 表示采样频率。

$\boldsymbol{D}_{\boldsymbol{\Gamma}}$ 在 $\boldsymbol{\Gamma}$ 集合上的可微性使得参数更新变得比较容易，这里假定参数字典满足该约束条件。若 $n\in\mathbf{R}$，则式（3.18）成为了一个在连续域 Υ 上的生成函数。该函数在 $\boldsymbol{\Gamma}$ 上是可微的。进一步这里可以为每个参数取值选择一个上界，进而得到一个可行的边界集合。由于包含边界值，Υ 是一个紧凑集，并确保算法收敛到一个固点集。当有参数不在 Υ 域时，算法 3.1 需要建立对 Υ 的映射来实现修正，并比较上一步的解，以确保不会增加新的参数更新变量。通常，简单的映射算子是阈值运算法，该方法能够选择最恰当的参数解。

3.5.2 实验结果

为进一步分析在 3.5.1 节提出 Gammatone 字典的设计方法，这里首先研究整个算法迭代过程中的字典特征。实验中，依据稀疏恢复的精确度，对初始字典和参数字典的性能进行了比较。通常 Gammatone 字典用于音频的稀疏近似，因此本实验也采用了对音频信息的稀疏表示。实验采用的字典尺度 2 倍于完备字典（1024 位）大小，其大小为 2048 位。

1. 算法评估

这里从三个方面对算法进行评估。首先展示算法对式（3.13）在每步迭代过程中的约减能力。在式（3.18）中定义的参数 B 表示中心频率为 f_c 的音频滤波组带宽。根据文献[96]实验结果的建议，这里使用 n=4，Q=9.26449，$b_{\min}$=24.7，b=0.65。为了得到初始字典，这里对 f_c 和 t_c 进行取样。进一步，我们采用文献[97]的方法产生滤波组。在这个方法中，参数 δ（步骤因子）用来表示频率交叉重叠的程度。其中，第 k 次频率中心可以通过式（3.19）进行计算：

$$f_c^k = -Qb_{\min} + (f_s / 2 + Qb_{\min})e^{-k\delta/Q} \tag{3.19}$$

式中，f_s 是允许的最大频率，其值只有 Nyquist 采样频率的一半。在该模拟实验中，选择 δ=0.45。对于 t_c 的采样这里仍然采用类似的方法，相对于式（3.19）指数的采样，这里时间采样是线性的。假定过滤的脉冲响应的峰值是 t_p，σ 表示交叉重叠程度，则第 l 次取样的中心时间量可以通过式（3.20）表示：

$$t_c^l = t_p + \sigma(l-1)t_p \tag{3.20}$$

在实验中，σ 为 0.75。实际上 t_c^l 是关于 f_c^k 的一个隐含函数。因此需要生成一个集合 $\{f_c^k\}_{k\in H}$，利用集合元素 f_c^k 以及 t_c 得到每次迭代的中间值，进一步可以通过 $\{t_c^l\}_{l\in k}$ 得到 f_c^k 的时间偏移。

为了生成字典 $g_{\gamma_i}(t)$，设定字典的大小等价于信号长度 d，并通过如下方式产生字典原子：

$$d_{\gamma_i,j} = \begin{cases} g_{\gamma_i(j+d)}, & 1 \leqslant j < j_{c_i} \\ g_{\gamma_i(j)}, & j_{c_i} \leqslant j \leqslant d \end{cases} \tag{3.21}$$

式中，$j_{c_i}=\lfloor t_{c_i} f_{\text{samp}} \rfloor$。算法 3.1 其实是交替优化选择法的松弛形式，因此需要选择恰当的松弛参数$\{\alpha_k\}$。这里选择一个简单的$\{\alpha_k\}$序列，即对于任意 k 有 $\alpha_k=\alpha$，α 是一个常数。当然复杂的参数序列会提高算法的收敛性能，但时间较长。同时由于只是为了表示设计字典对信号采样及恢复效果优于初始字典，因此采用了简单序列。首先分析 α 的取值产生的不同效果，图 3.1 展示了不同 α 下式（3.13）的解。正如理论预期那样，实验结果表明对象函数的每步迭代的值都是递减的，同时从图中可以看出 α 值越小，算法收敛越缓慢（曲线平缓）。尽管 α 使用较大的值可以加快收敛速度，但实际上其解的精确性不如选择处于中位数附近的值。当然在另外一组实验中，也发现了 α=0.5 时，在较少的迭代次数下获得了较好的解。

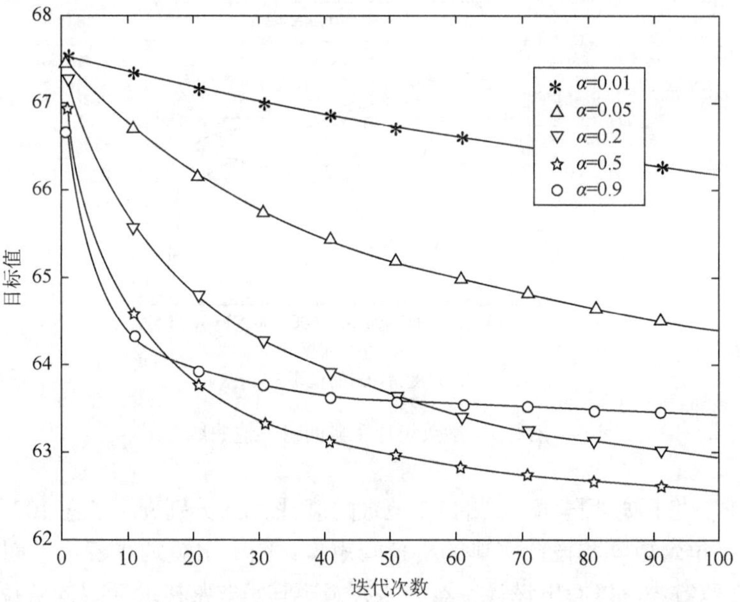

图 3.1　对于常数 α 不同取值下式（3.13）的解曲线图

由于算法 3.1 产生的字典具备等角紧框架的特性，该字典的所有奇异值（singular values，SV）是相等的，因此进一步通过比较紧框架字典与设计字典的 SV 来分析算法的性能。一个紧框架字典 $\mathbf{R}^{n\times d}$ 有 d 个非零奇异值，图 3.2 展示了不同迭代次数下的字典 SV 曲线。从图 3.2 中可以看出在每一次迭代后设计字典的 SV 非常接近紧框架字典的 SV。

由于算法是在基于格拉姆矩阵域进行距离计算得到的，因此另外一种评估算法性能的方式是分析设计字典的格拉姆矩阵。实验分析了在尺度为 1024 下（由于字典是 2 倍于初始字典大小，因此得到的过完备字典为 1024×2048），初始字典

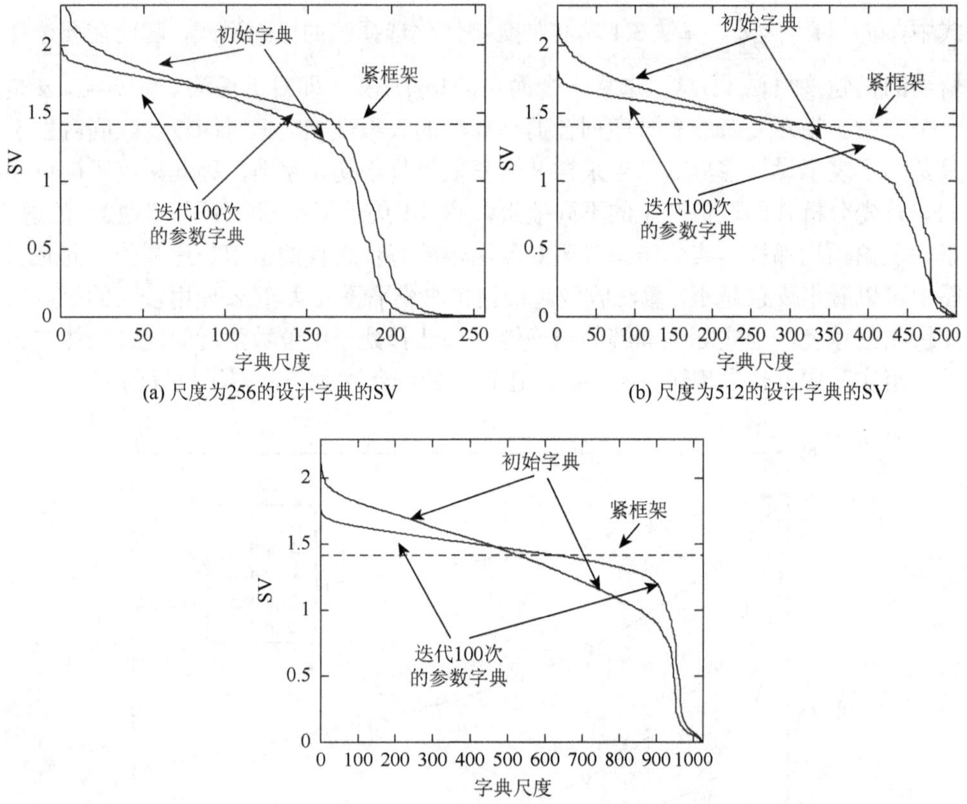

(a) 尺度为256的设计字典的SV　　(b) 尺度为512的设计字典的SV

(c) 尺度为1024的设计字典的SV

图 3.2　参数设计字典的奇异值曲线

和设计字典的格拉姆矩阵每一列的 L2 范数的值。图 3.3 分别表示了在 100 次迭代后，原字典的格拉姆矩阵和设计字典的格拉姆矩阵。图中用短划线表示了期望的 ETF 字典的 L2 范数。可以看出设计字典的格拉姆矩阵是非常接近期望的格拉姆矩阵。

参数字典可以覆盖时间-频率域。在 ETF 框架下，字典原子之间的相干性是最小的，但不能用于时间-频率域的定位。一个满足或者近似满足 ETF 条件的字典，能够完成时间-频率域的局部化，并均匀地符合时间-频率域。为进一步解释其原因，采用 Wigner-Ville 时频表示字典原子，利用文献[50]的方法绘制时频字典原子结构图。本书提出的算法通过改变字典结构使得 μ 最小化，但对于信号高能量部分原子的表示能力不能完全覆盖，算法只能确保局部收敛。而另外也说明在算法 3.2 中可以采用比梯度下降方法更有效的方法进一步改进算法性能。这里存在偏移不变结构，即在对设计字典计算前的参数初始化时，对每一频率带宽可以选择不同长度。如果时间平移是参数字典的参数之一，则这样的结构能够保留下来，且这样的参数字典不是列分离的。因此设计一个偏移不变字典，是以后参数字典设计的方向。

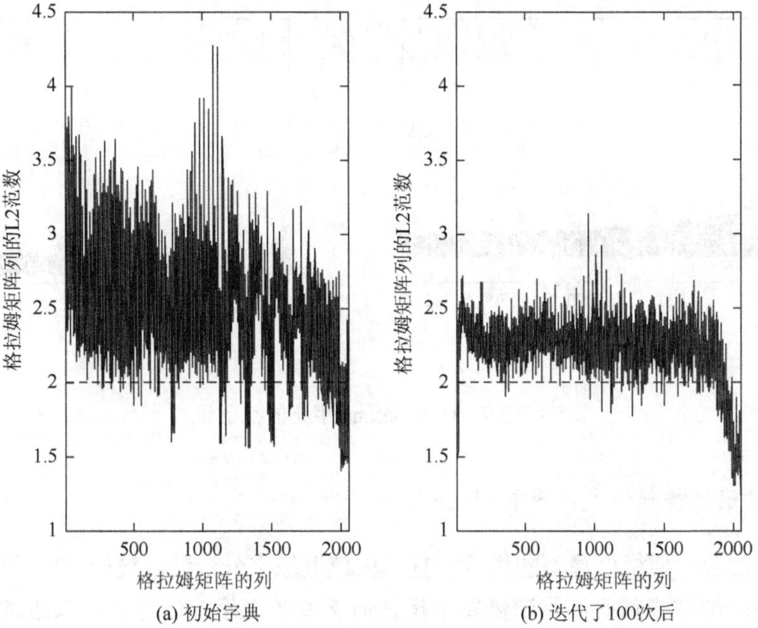

图 3.3　初始字典的格拉姆矩阵和设计字典的格拉姆矩阵 L2 范数值

实验中，参数集 Υ 的选择是比较关键的一步。为了分析每个参数在字典设计过程中的作用，图 3.4 展示了参数的初始值和最终值。图 3.4（a）和图 3.4（b）分别表示 t_c 和 f_c 的散点图。从图中可以看出在字典设计过程中 t_c 和 f_c 的变换不大，因此它能确保稳定地约减计算开销。以 $\boldsymbol{n}$ 和 $\boldsymbol{b}$ 作为观测量进行分析，这两个参数在算法执行到最后，得到的值在图 3.4（c）和图 3.4（d）中表示。这些点展示了 $\boldsymbol{n}$ 和 b 值的变化情况，从图中可以看出 $\boldsymbol{n}$ 和 $\boldsymbol{b}$ 的值是比较稳定的，其中 $\boldsymbol{n}$ 取值在 8 以下，b 大多取值在 2 以下，这确保了用字典参数生成字典的稳定性。实验进一步说明了在 Gammatone 字典原子下正确选择 $\boldsymbol{n}$ 和 $\boldsymbol{b}$ 的重要性。

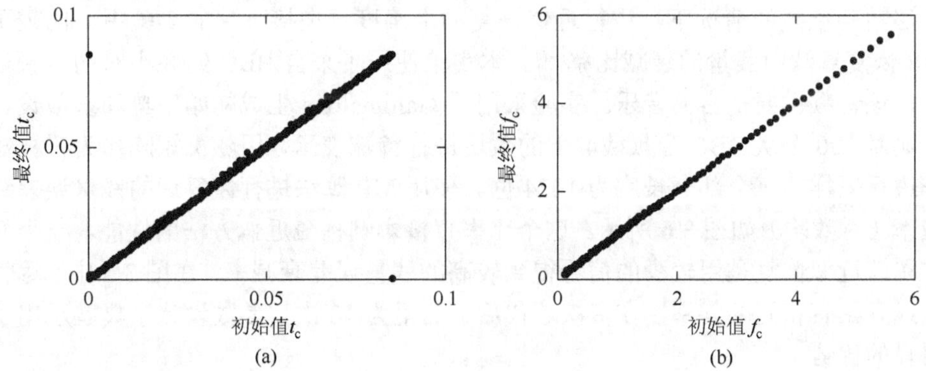

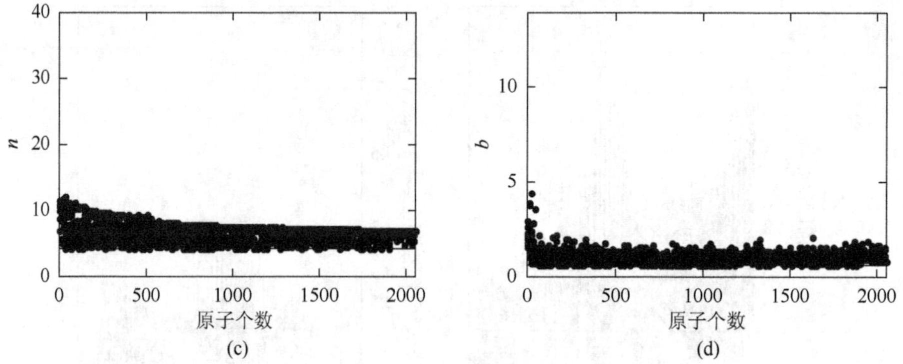

图 3.4　Gammatone 字典的参数

2. 精确的稀疏恢复以及稀疏近似

这一部分主要根据精确的稀疏恢复和稀疏近似来分析参数设计字典的优势[47]。通常认为能够完成精确的稀疏恢复是指任何 k-稀疏表示的信号是可以通过 OMP 或者 BP 等算法进行精确恢复的。测量中，多次实验发现恢复失败的次数是比较少的。因此可以说明，本节提出的字典生成算法，在进行稀疏恢复时的精确性是可以保证的。通过数据合成的方法，可以得到一些不同稀疏度的稀疏向量，然后进一步绘制这些稀疏向量的精确恢复的曲线。在这些向量中，非零向量的位置是随机均匀分布，且服从高斯分布的，其概率密度函数的均值为零。MP 算法通常被用于求解稀疏近似值。精确恢复的程度表示为在正确位置找到向量中非零元素正确的值的个数与把该位置的非零值计算为零值的元素个数的比值。实验选择的参数字典的尺度为 1024，通过参数字典对语音信号进行稀疏化，并进一步恢复，重复进行了 1000 次，其精确恢复的比率关系如图 3.5 所示，图中清楚地表示了参数设计字典方法提高了精确恢复率。

在实际应用中，并不一定能实现完美的、精确的稀疏恢复，因此需要考虑无法精确恢复的情况下，进行近似恢复的准确度。在接下来的实验中，比较了 MP 恢复算法中残量的衰减比率[27]。本实验使用了来自 BBC 约 8 小时的音频信号，该音频主要是古典音乐。实验采用了 Gammatone 生成初始字典和参数设计字典对 100 个从 BBC 音频截取下的数块进行稀疏表示，用随机矩阵作为采样矩阵进行采样。每个部分长度为 1024 位。使用 MP 算法进行恢复后的残量误差衰减率（对数阶）如图 3.6 所示。这个比率直接影响稀疏近似方法的性能。一个好的稀疏近似恢复是用较少的信号得到较高的残量误差衰减率。在图 3.6 中，尽管曲线开始有相同的斜率，在多次迭代后（这里为 10 次）参数设计字典展示出了明显的优势。

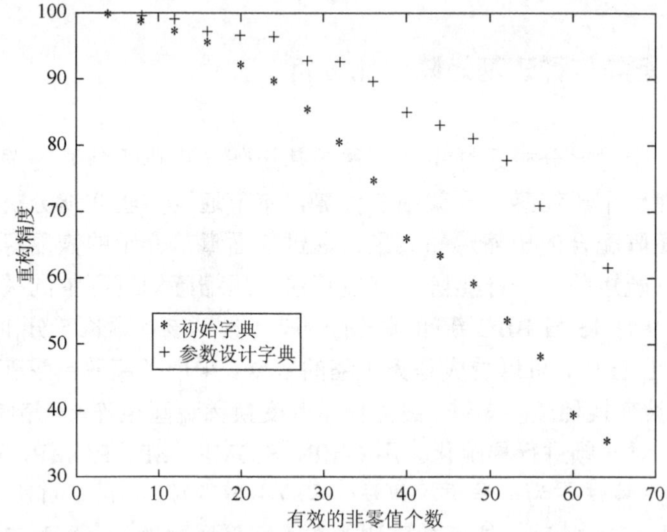

图 3.5　稀疏信号的精确恢复

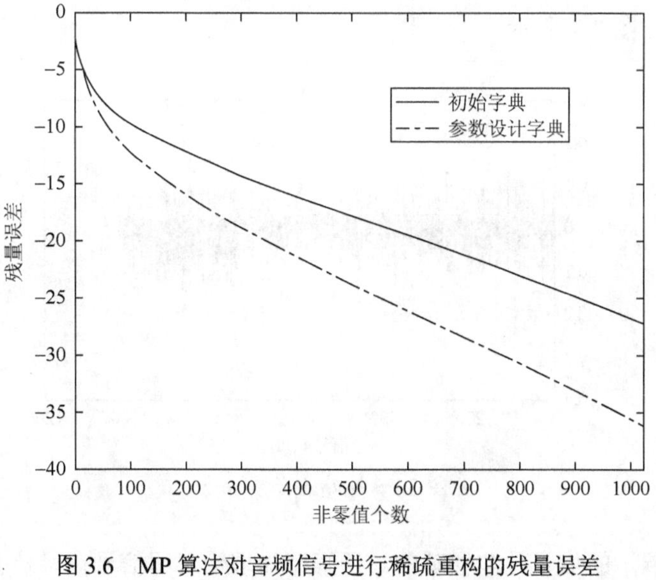

图 3.6　MP 算法对音频信号进行稀疏重构的残量误差

从以上实验中，我们可以看到采用 Gammatone 函数构建的参数设计字典，满足 ETF 特性，其生成的字典矩阵的 SV 接近于标准的 ETF 字典；同时对比初始 Gammatone 函数字典的格拉姆矩阵和参数设计字典格拉姆矩阵，表明经参数字典生成算法计算后的稀疏字典，具有较好的 ETF 特性。在进一步的信号测试中表明，本节提出的字典生成算法能更好地实现对数据的稀疏表示，有利于提高重构精度，减少重构误差。

3.5.3　采样矩阵与稀疏基矩阵对比分析

为了进一步对比分析采样矩阵与稀疏基矩阵（字典矩阵）的关系，展示参数设计字典在整个压缩感知框架中的优势，本节通过实验详细分析不同稀疏基矩阵与采样矩阵配合的压缩感知效果，通过前面章节介绍的恢复算法进行信号重构，揭示稀疏矩阵、采样矩阵、恢复算法在压缩感知过程中的关系。实验采用了 2012 年 9 月 15 日 BBC 新闻播报的一段音频。该音频长 5 分 1 秒，为 wav 格式，接近 CD 音质，可以看成是无压缩的数据。采用了离散余弦变换稀疏基矩阵、Gabor 小波变换稀疏基矩阵、离散傅里叶变换稀疏基矩阵、构造稀疏字典（参数设计字典）对音频进行稀疏化。用 OMP，StOMP，SP，ROMP，IRLS，IHT，GBP，CoSaMP 算法作为信号重构算法。实验中把音频以 1024 的长度进行分段，即稀疏基矩阵为 1024 列，然后分别测量在不同采样次数下（即稀疏基矩阵的行不同）的恢复效果。为了便于定量分析实验结果，实验截取尺度为 1024 音频的原始信号，如图 3.7 所示。

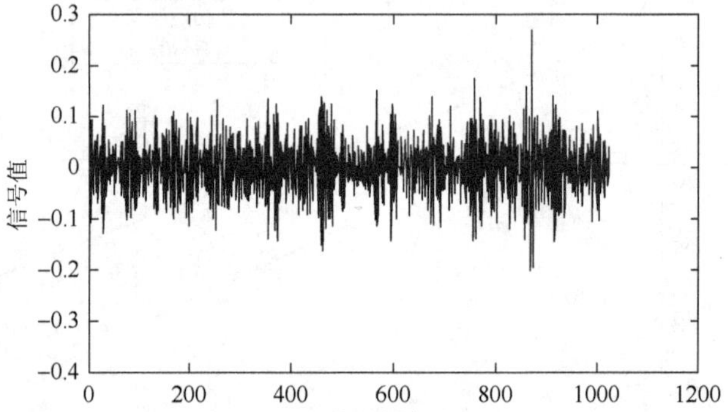

图 3.7　原始的音频信号

图 3.7 展示的信号是非稀疏的。压缩感知理论表明信号在稀疏基下投影后的稀疏度直接影响了进行压缩采样后信号的还原效果。它们之间的关系表述为信号在稀疏基表示下稀疏度越高（越稀疏），其压缩采样后的还原效果越好，当然前提是都采用了相同的重构算法。实际上，不同重构算法对信号的稀疏度要求是不一样的，即便有的信号在稀疏基表示下稀疏度不高，但健壮的重构算法仍能保证重构的精确度。本实验通过 DCT 稀疏基矩阵、Gabor 小波变换稀疏基矩阵、DFT 稀疏基矩阵以及参数设计字典稀疏基并配合不同测量矩阵，对音频信号进行压缩采样，并进行重构这一过程，来分析研究测量矩阵与稀疏基对数据采样和恢复的影

响，同时可以进一步验证参数设计字典用于压缩采样的性能优势。

对于一个长度为 n 的一维离散时间序列信号 $\boldsymbol{x}\{x(i), i=0, 1, \cdots, n-1\}$ 的离散余弦变换可以表示为信号在离散余弦变换矩阵 $\boldsymbol{C}_n$ 下的投影，即 $\boldsymbol{X}=\boldsymbol{C}_n\boldsymbol{x}$。因此对原信号进行稀疏投影，实际上就是信号在离散余弦稀疏基矩阵上的矩阵乘法运算。图 3.8 展示了原音频信号在 DCT 稀疏基矩阵上进行投影变换后的结果。

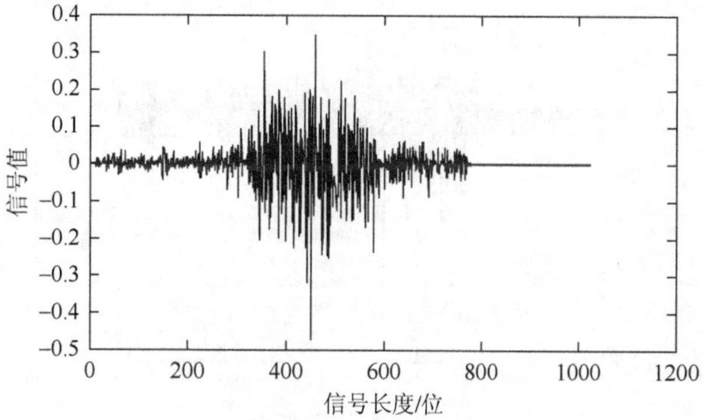

图 3.8　音频信号在 DCT 稀疏基下的投影

同样，通过构建离散傅里叶变换矩阵，可以得到信号在傅里叶变换基下的稀疏表示，如图 3.9 所示。

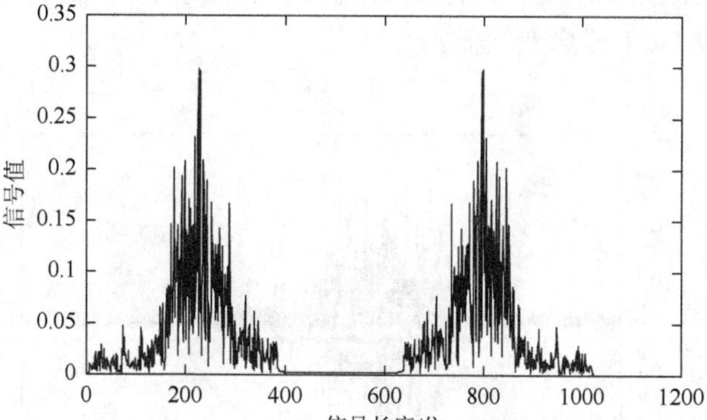

图 3.9　音频信号在 DFT 稀疏基下的投影

由于一维音频信号的 DFT 变换系数有虚数部分，即系数的模值与实部值绝对值大小不等，这不利于将 DFT 系数直接运用于压缩感知。因此通常压缩感知主要对信号变换后的实部进行处理。图 3.9 展示了信号进行离散傅里叶变换后的频域分布图。

在 Gabor 小波信号处理理论中，小波变换具有时间和频率上的局部特性、稀疏性和多尺度分辨率的特性。因此信号 Gabor 小波变换系数自身存在的稀疏性使得小波分解在信号分析、处理与压缩编解码中已经有着较好的应用背景。图 3.10 展示了采用 Gabor 小波变换基对音频信息进行变换后的结构。

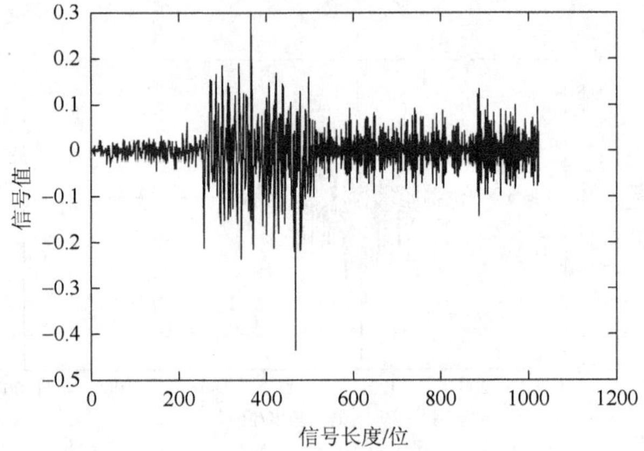

图 3.10　音频信号在 Gabor 小波基下的投影

图 3.11 展示了音频信号在参数设计字典下的投影结果，从直观上看其投影分布与 DCT 稀疏基的分布结构比较类似，但参数设计字典投影分布区间在 1～2048，即信号投影在其原来长度 2 倍的区域上，因此其稀疏程度较 DCT 稀疏基高，且投影后的峰值也较 DCT 投影变换低。

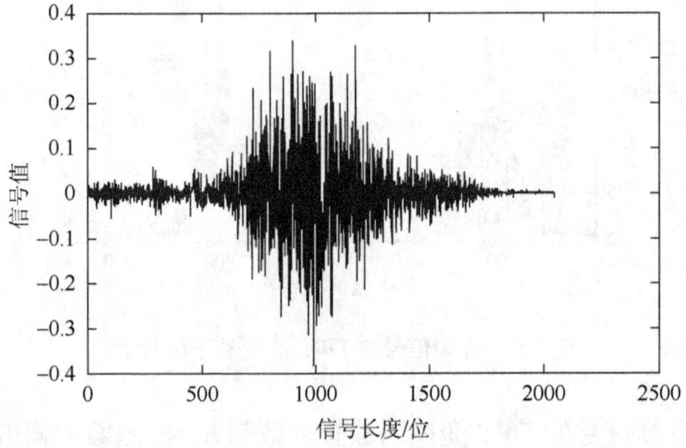

图 3.11　音频信号在参数设计字典下的投影

为了进一步分析感知矩阵、稀疏基矩阵、重构算法之间的关系。实验设计采用高斯随机矩阵、伯努利随机矩阵、局部阿达马矩阵、特普利茨矩阵、结构随机矩阵、Chirp 矩阵分别作为感知矩阵，采用参数设计字典为稀疏基，重构算法采用 StOMP 算法，分析参数字典与测量矩阵对信号重构的影响，同时进一步研究受噪声干扰情况下，参数设计字典的抗噪能力。实验仍采用 BBC 新闻播报音频信号作为源数据，通过控制感知矩阵行数，即压缩感知的采样次数，分析欠采样后的数据对重构效果的影响。理论上感知矩阵能以较小的采样次数获取信号，并实现完美重构，但不同的感知矩阵对完美重构信号所要求的采样次数有差异；同时理论分析表明，采样次数越少，对信号中的噪声的过滤能力越弱，重构后信号的信噪比较低。实验首先测试感知矩阵（采样矩阵）在不同采样次数下的信号重构精度；然后固定采样次数，测试噪声环境下用这些感知矩阵采样后的信号重构精度，重构算法采用 StOMP 算法。StOMP 算法具体实现过程与第 2 章介绍的 StOMP 算法略有不同，主要体现在执行步骤 5 的方式有所差异。标准的 StOMP 算法采用计算伪逆的方式来求解最小二乘问题，这里考虑到感知矩阵在 StOMP 算法的每步迭代过程中，其得到的子矩阵的伪逆受子矩阵正交性影响，不能确保每次迭代都能逼近原信号，因此这里采用了稀疏最小二乘迭代求解算法（iterative algorithm for least-squares problems，LSMR）求解该子问题。LSMR 算法是 David 等在最小二乘 QR 分解（least squares QR decomposition，LSQR）基础之上，根据 Golub-Kahan 双对角化处理方式提出的一种新的最小二乘求解方法。经过实验测试表明相同条件下使用 LSMR 算法比直接用伪逆的重构效果要好[98]。

实验首先测试感知矩阵在无噪声干扰条件下的重构能力。为了详细分析不同采样次数对感知矩阵压缩采样能力的影响，实验中采样次数即感知矩阵的行数分别取值为 500，550，600，…，950，重复 100 次，用相对误差（relative error）来表示重构精度。相对误差计算公式如下：

$$\|x-x'\|_2/\|x\|_2 \tag{3.22}$$

式中，x 为真实值，x'为测量值。本节对高斯随机矩阵、伯努利随机矩阵、局部阿达马测量矩阵、特普利茨测量矩阵、结构随机矩阵、Chirp 测量矩阵共六种测量矩阵进行了测试。

为了直观展示压缩采样后重构的效果，这里选取采样次数为 750，与之配合的稀疏基采用了参数设计字典，重构算法为 StOMP 算法。图 3.12 展示了利用这些感知矩阵对音频信号进行采样，重构后的效果。

图 3.12 中实点与圆圈重合表示重构信号与原信号吻合，随机伯努利矩阵作为测量矩阵时，其原信号和重构信号的重合度低于其他测量矩阵，而局部阿达马矩阵中，圆圈的重构信号偏离实点原信号的程度最低，其恢复效果最好。为了详细展示参数设计字典作为稀疏基进行重构的能力，这里用重构信号与原信号的重合

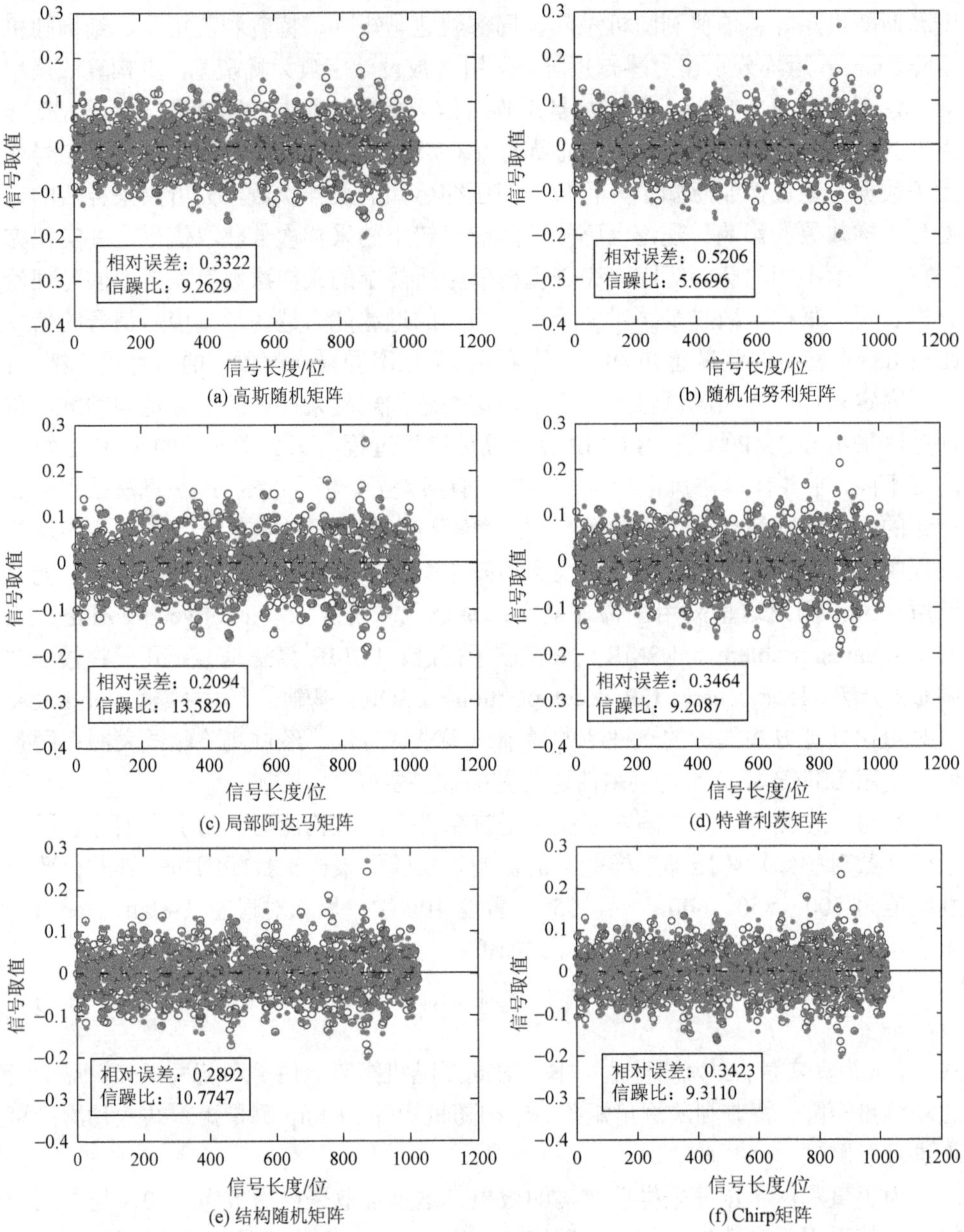

图 3.12　六种采样矩阵重构效果图

程度来表示重构效果，即计算实点原信号落入圆圈重构信号的个数与整个信号点的比率。表 3.1 给出了六种采样矩阵进行重构的重合度，可以看出局部阿达马矩阵作为采样矩阵相比其他矩阵具有较好的性能，符合图 3.12 所示的结果。

表 3.1　不同采样矩阵重构的重合度

类型	高斯随机矩阵	随机伯努利矩阵	局部阿达马矩阵	特普利茨矩阵	结构随机矩阵	Chirp 矩阵
重合度	0.86	0.81	0.92	0.83	0.89	0.84

进一步，实验得出了这六种测量矩阵在不同次测量下，采用参数设计字典作为稀疏基，StOMP 算法进行重构后的相对误差曲线图，如图 3.13 所示。

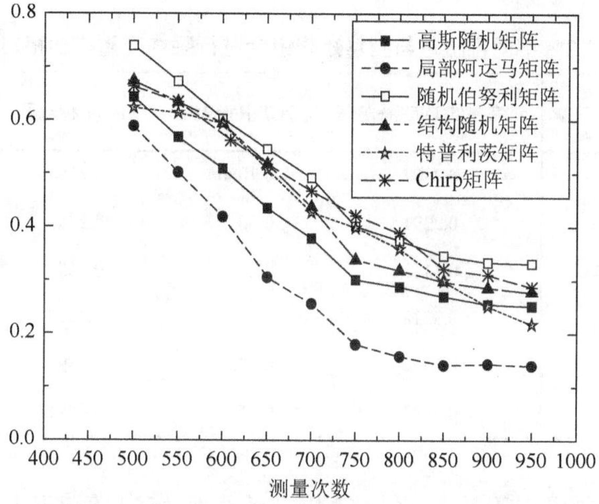

图 3.13　无噪声环境下采用参数设计字典作为稀疏基，不同感知矩阵的音频信号重建效果

图 3.13 展示了以高斯随机矩阵、局部阿达马矩阵、随机伯努利矩阵、结构随机矩阵、特普利茨矩阵、Chirp 矩阵作为感知矩阵，采用设计字典作为稀疏基，分别进行 400，450，500，…，950 次采样，然后用 StOMP 算法进行恢复后的效果。这里用相对误差表示重构精度。可以看出随着采样次数的增加，相对误差下降，即重构信号越来越接近原始信号。从图 3.13 中可以观察出局部阿达马矩阵作为测量矩阵采样后进行重构的相对误差最小，其次是高斯随机矩阵、特普利茨矩阵、结构随机矩阵、Chirp 矩阵、随机伯努利矩阵。由于实验采用的信号长度为 1024，因此如果用 1024 次采样，则重构的信号最接近于原始信号，可以认为是完美重构。虽然较大的采样次数，带来更精确的重构效果，但大大增加了计算时间。从图中观察可以发现在采样次数达到 750 时，误差曲线趋于平缓，即增加采样次数，而误差的下降幅度减缓。再进一步增加采样次数，带来精度的提高不大。在同样的实验环境下，局部阿达马矩阵作为测量矩阵时的重构误差较小，这是因为局部阿达马矩阵是一种二元结构矩阵，这种结构矩阵作为压缩感知的测量矩阵能快速高效地获取信号，同时也确保了信号的特征压缩，再

用重构算法恢复时损失的特征也最少。

参数设计字典相对于其他稀疏基的优势在于具有较好的稀疏能力，能适应信号特征变化的需要。因此相比于过完备的 DFT 稀疏基、DCT 稀疏基、Gabor 小波稀疏基，参数设计字典的自适应稀疏能力能更好地适应噪声干扰下的压缩感知过程，理论上参数设计字典的抗噪效果要好于其他稀疏基。这里给出采用参数设计字典与用过完备的 DFT 稀疏基、DCT 稀疏基、Gabor 小波稀疏基在不同感知矩阵下信号重建的相对误差结果。如表 3.2 所示。

表 3.2　不同稀疏基与测量矩阵组合进行采样及重构的相对误差

测量矩阵 \ 稀疏基	过完备的 DFT 稀疏基	DCT 稀疏基	Gabor 稀疏基	参数设计字典
高斯随机矩阵	0.2987	0.3086	0.2754	0.2877
随机伯努利矩阵	0.2291	0.3012	0.2851	0.27
局部阿达马矩阵	0.4123	0.321	0.3652	0.2055
特普利茨矩阵	0.3218	0.3122	0.4012	0.3185
结构随机矩阵	0.2452	0.2345	0.2892	0.3285
Chirp 测量矩阵	0.2981	0.3587	0.4011	0.3385

从表 3.2 中可以看出，采用参数设计字典作为稀疏基与六种测量矩阵配合进行压缩采样，重构信号的相对误差值普遍小于其他稀疏基。特别是参数设计字典与局部阿达马矩阵组合，对音频信号重构后的相对误差为 0.2055，明显小于其他组合方式。虽然参数设计字典与高斯随机矩阵，参数设计字典与结构随机矩阵的组合方式，没有表现出较好的重构效果，但和其他稀疏基比较，其重构性能差异也不太大。其原因是高斯随机矩阵和结构随机矩阵对参数设计字典稀疏结构的适应性较弱，所以利用其采样得到的数据进行重构效果提升并不明显。

为了进一步分析参数设计字典作为稀疏基，结合不同感知矩阵在受噪声干扰的环境下，对信号的特征表示能力，我们在原信号的基础上增加噪声干扰。为了直观地进行表示，这里用原信号与增加的噪声的信噪比（signal to noise ratio，SNR）来表示噪声的干扰程度，其值越小，表示噪声能量越大；相反，值越大，噪声能量越小。本次实验采用的测量次数为 750，为了量化噪声的能量，信噪比取值分别为 10，20，30，…，120。同时为更好地分析各种感知矩阵对噪声的过滤能力，这里重建算法采用对噪声适应性较好的 IRLS 算法[77]。

表 3.3 中数值表示重构信号的 SNR 值。从表中可以看出，随着噪声与原信号

的SNR增加，恢复的效果越好。而参数设计字典与六种测量矩阵配合对音频信号的采样并重构得到的信号的SNR值普遍大于其他稀疏基。虽然Gabor稀疏基与参数设计字典的性能较为接近，但Gabor稀疏基对信号稀疏自适应能力较差，使得其重构性能不稳定，重构效果不是随着噪声的降低而线性增强。从表中可以看出Gabor稀疏基与高斯随机矩阵组合的方式，在噪声与原信号的SNR为70时其恢复效果比50的结果要差。

表3.3　不同稀疏基与测量矩阵组合在噪声下的重构结果

类型	SNR	高斯随机矩阵	随机伯努利矩阵	局部阿达马矩阵	特普利茨矩阵	结构随机矩阵	Chirp测量矩阵
参数设计字典	30	24.3021	23.8202	25.5681	23.1247	24.6578	23.741
	50	26.9417	26.1248	26.9875	26.8793	25.9874	26.1203
	70	26.9865	27.2887	28.1795	27.6812	26.3195	27.2354
	90	27.7208	28.033	28.8946	28.3624	29.4521	28.3027
	110	29.1049	29.2752	29.3674	30.2351	31.7812	32.6548
过完备的DFT稀疏基	30	22.6542	23.5421	24.5123	22.541	24.1453	22.3564
	50	25.961	25.127	25.8745	24.3987	25.0542	25.5632
	70	26.0417	26.1248	26.9875	27.1982	26.0128	26.1203
	90	27.9699	27.1575	27.1575	28.3452	27.9852	27.3543
	110	29.1245	29.5149	28.9741	29.4526	30.4712	31.2354
DCT稀疏基	30	21.4218	23.8451	22.9725	23.8452	22.6748	21.5891
	50	21.8975	24.5625	25.9752	25.7420	24.2549	23.8710
	70	22.9752	25.0231	26.2351	26.2563	25.5638	24.5270
	90	25.3752	26.5483	26.9742	27.2358	26.8746	26.4125
	110	28.335	27.3546	27.5438	28.4560	27.5647	28.8740
Gabor稀疏基	30	23.4512	23.5615	24.3357	22.685	23.4237	24.6402
	50	24.8912	25.7420	23.9145	25.8956	24.8564	25.0175
	70	23.3789	26.3378	25.0423	26.4297	25.9961	27.2784
	90	26.4512	27.2489	27.1450	27.0235	27.0420	29.3345
	110	28.4789	29.334	30.0123	28.5432	29.127	31.7456

可以看出参数设计字典总体上带来重构能力的提升，特别是在噪声干扰下相比其他稀疏基具有很好的稀疏能力，其重构精度优于其他稀疏基。但参数设计字

典相对于其他稀疏基的缺点在于，其需要参数学习，得到适应性强的稀疏基，而这个学习过程会随着采样信号维度的增加而增加，带来较大的计算开销。如果信号产生模式发生变化，需要重新进行参数学习。

3.6 本章小结

在近似求解的稀疏化模式下，稀疏近似方法能够实现对稀疏信号的恢复。在本章中，引入稀疏表示模型，同时也提出了成功地完成稀疏恢复的标准。通过使用参数字典，引入了信号的先验知识。字典设计框架表明了字典设计问题实际上是寻找优化的参数集，而这一问题通常难以获得精确解。而本章提出的参数字典设计方法较其他方法而言能获得较优的近似解。实验中采用高斯随机矩阵、局部阿达马矩阵、随机伯努利矩阵、结构随机矩阵、特普利茨矩阵、Chirp 矩阵作为测量矩阵，对比分析了参数设计字典与其他稀疏基在压缩感知中的稀疏表示能力和重构精度，进一步论证了参数设计字典作为稀疏基在噪声干扰下进行压缩感知的优势。

第4章 基于CGLS和LSQR的联合优化的匹配追踪算法

在压缩感知理论中，设计一个好的稀疏重构算法是一个比较重要并具有挑战性的问题。稀疏重构的基本目标是用较少的数据采样，通过解一个优化问题完成信号或者图像重构。关于稀疏重构过程，一个重要的方面是在数据受噪声干扰的情况下，如何高效快速地重建原信号。本章提出基于共轭梯度最小二乘（conjugate gradient least squares，CGLS）法和 LSQR 的联合优化的匹配追踪算法。该算法采用 Alpha 散度来测量 CGLS 和 LSQR 之间的离散度（差异度），算法通过离散度来选择最优的解序列。实验分析表明基于 CGLS 和 LSQR 的联合优化的匹配追踪算法对噪声干扰情况下的压缩采样信号具有较好的恢复能力。

当前，用于信号恢复的稀疏重构算法主要分为两大类：凸优化算法和贪婪算法。通常情况下，通过基于 L1 范数的凸优化算法来解稀疏恢复的欠定问题，因此信号恢复问题转化成寻求凸函数的最优解问题，如基追踪（basis pursuit，BP）算法[99]、最小角回归（least angle regression，LARS）算法[100]、梯度投影稀疏重构（gradient projection sparse reconstruction，GPSR）算法[101]等。凸优化方法给出了最强的稀疏恢复的保证，在测量矩阵满足一定的条件下，它能精确重建所有的稀疏信号，同时需要测量的次数也较少，然而，其最大的缺点在于重建速度慢，对于大尺度的重建问题实现困难。

贪婪算法的主要思想是利用采样矩阵在投影序列中搜索最稀疏的矢量。目前贪婪算法包括 OMP，稀疏度自适应匹配追踪（sparsity adaptive match pursuit，SAMP），ROMP，StOMP 和 CoSaOMP。目前，贪婪算法是重建速度最快的算法，尽管最初提出的 OMP 算法在重建效率上并不是很理想，但是随后提出的各种改进算法无论是在重建速度还是重建精度上都得到了很大的改进。

通常，凸优化算法能在较低采样率下实现精确的重构，但也带来了计算上的巨大开销，且其算法迭代次数容易受到收敛标准的干扰。匹配追踪算法对低维和小尺度的信号数据表现出较好的性能。然而，如果信号受到噪声干扰，或者处理尺度较大，其重构的精度和健壮性就得不到保障。

本章提出一种基于 CGLS 和 LSQR 联合优化的匹配追踪算法实现噪声干扰

下的完美稀疏恢复。CGLS 方法是一种解决不对称线性方程和最小二乘问题的共轭梯度法，LSQR 是基于双对角化的 Golub 和 Kahan 方法。LSQR 与标准的共轭梯度法类似，但其拥有更好的数值处理特性。CGLS 和 LSQR 这两种方法能够用于解约束条件为 $\min\|\boldsymbol{Ax}-\boldsymbol{b}\|_2$ 的方程式，其中 $\boldsymbol{A}$ 是一个高维稀疏矩阵。两种算法对不同的数据拟合表现出不同的精准性。本书利用 Alpha 散度来度量两种方法间的离差度，实现在稀疏恢复中两种方法交替迭代选择最优的解。实验表明本章提出的方法在噪声干扰环境下其性能优于传统匹配追踪算法的重构性能。

4.1　基本问题描述

目前匹配追踪系列算法主要思路在于对下列最小二乘问题找到一个最优解：

$$\|\boldsymbol{b}-\boldsymbol{Ax}\|_2=\min_{\boldsymbol{y}\in\mathbf{R}^n}\|\boldsymbol{b}-\boldsymbol{Ay}\|_2 \tag{4.1}$$

对于该问题，这里引入分裂迭代法和 Krylov 子空间迭代法进行求解。在 Krylov 子空间，对于标准的最小二乘问题，LSQR 求解方式类似于共轭梯度算法。在利用匹配追踪求解 $\boldsymbol{x}_k$ 的过程中，它们都能实现残量 $\|\boldsymbol{r}_k\|$（$\boldsymbol{r}_k=\boldsymbol{b}-\boldsymbol{Ax}_k$）的逐步约减，同时进一步说明了 LSQR 和 CGLS 的交替迭代能产生最佳的解序列的可能。本章任务在于如何在 LSQR 和 CGLS 之间选择最优解序列使匹配追踪的残量最小化，从而确保解序列的最优性。

4.2　共轭梯度最小二乘法

假定 $\boldsymbol{A}\in\mathbf{R}^{m\times n}$，考虑最小二乘问题（4.1）对应的法方程为

$$\boldsymbol{A}^{\mathrm{T}}\boldsymbol{Ax}=\boldsymbol{A}^{\mathrm{T}}\boldsymbol{b} \tag{4.2}$$

式中，$\boldsymbol{A}^{\mathrm{T}}\boldsymbol{A}$ 是 n 阶实对称矩阵，则求解线性方程组的问题可以转化为求二次函数（4.3）的极小点问题。

$$f(x)=\frac{1}{2}\boldsymbol{x}^{\mathrm{T}}\boldsymbol{A}^{\mathrm{T}}\boldsymbol{Ax}-(\boldsymbol{A}^{\mathrm{T}}\boldsymbol{b})^{\mathrm{T}}\boldsymbol{x} \tag{4.3}$$

事实上，函数 $f(\boldsymbol{x})$ 的梯度 $g(\boldsymbol{x})$ 为

$$g(\boldsymbol{x})=\nabla f(\boldsymbol{x})=\left[\frac{\partial f}{\partial \boldsymbol{x}_1},\cdots,\frac{\partial f}{\partial \boldsymbol{x}_n}\right]^{\mathrm{T}}=\boldsymbol{A}^{\mathrm{T}}\boldsymbol{Ax}-\boldsymbol{A}^{\mathrm{T}}\boldsymbol{b} \tag{4.4}$$

进一步，对于任意的非零向量 $\boldsymbol{p}\in\mathbf{R}^n$ 和实数 t，有

$$f(\boldsymbol{x}+t\boldsymbol{p})-f(\boldsymbol{x})=tg(\boldsymbol{x})^{\mathrm{T}}\boldsymbol{p}+\frac{1}{2}t^2\boldsymbol{p}^{\mathrm{T}}\boldsymbol{A}^{\mathrm{T}}\boldsymbol{Ap} \tag{4.5}$$

若 $\boldsymbol{u}$ 是函数（4.2）的解，则有 $g(\boldsymbol{u})=0$。因此对任意的非零向量 $\boldsymbol{p}\in\mathbf{R}^n$，则有如下子问题：

$$f(\boldsymbol{u}+t\boldsymbol{p})-f(\boldsymbol{u})\begin{cases}>0, & t\neq 0\\ =0, & t=0\end{cases}$$

故 $\boldsymbol{u}$ 是函数 $f(\boldsymbol{x})$的极小点。反之，因 $\boldsymbol{A}^{\mathrm{T}}\boldsymbol{A}$ 正定，所以在 $\mathbf{R}^n$ 中二次函数 $f(\boldsymbol{x})$有唯一的极小点，若 $\boldsymbol{u}$ 是 $f(\boldsymbol{x})$的极小点，则

$$f(\boldsymbol{u}+t\boldsymbol{p})-f(\boldsymbol{u})=tg(\boldsymbol{u})^{\mathrm{T}}\boldsymbol{p}+\frac{1}{2}t^2\boldsymbol{p}^{\mathrm{T}}\boldsymbol{A}^{\mathrm{T}}\boldsymbol{A}\boldsymbol{p} \tag{4.6}$$

于是有

$$\frac{\mathrm{d}f(\boldsymbol{u}+t\boldsymbol{p})}{\mathrm{d}t}\Big|_{t=0}=g(\boldsymbol{u})^{\mathrm{T}}\boldsymbol{p}=0 \tag{4.7}$$

考虑到 $\boldsymbol{p}$ 的随机性，必须有 $g(\boldsymbol{u})=0$，从而 $\boldsymbol{u}$ 是方程组（4.2）的解。

若向量序列 $\boldsymbol{p}^{(0)},\boldsymbol{p}^{(1)},\cdots,\boldsymbol{p}^{(k-1)}\in\mathbf{R}^n$ 满足：

$$\boldsymbol{p}^{(i)\mathrm{T}}\boldsymbol{A}^{\mathrm{T}}\boldsymbol{A}\boldsymbol{p}^{(j)}=0,\quad i\neq j \tag{4.8}$$

且 $\boldsymbol{p}^{(k)}\neq 0, k=0,1,2,\cdots,n-1$，则称向量序列 $\{\boldsymbol{p}^{(k)}\}$ 为 $\mathbf{R}^n$ 中关于 $\boldsymbol{A}^{\mathrm{T}}\boldsymbol{A}$ 的一个共轭向量序列。

假定 $\boldsymbol{x}^{(0)}\in\mathbf{R}^n$ 是任意给定的一个初始向量，而 $k=0, 1, 2, \cdots$ 以 $\boldsymbol{x}^{(k)}$作为起点沿方向 $\boldsymbol{p}^{(k)}$求函数 $f(\boldsymbol{x})$在直线 $\boldsymbol{x}=\boldsymbol{x}^{(k)}+t\boldsymbol{p}^{(k)}$ 上的极小点，则可以得

$$\boldsymbol{x}^{(k+1)}=\boldsymbol{x}^{(k)}+\alpha_k\boldsymbol{p}_k \tag{4.9}$$

$$\boldsymbol{s}^{(k)}=\boldsymbol{A}^{\mathrm{T}}(\boldsymbol{b}-\boldsymbol{A}\boldsymbol{x}^{(k)}),\quad \alpha_k=\frac{\boldsymbol{s}^{(k)\mathrm{T}}\boldsymbol{p}^{(k)}}{\boldsymbol{p}^{(k)\mathrm{T}}\boldsymbol{A}^{\mathrm{T}}\boldsymbol{A}\boldsymbol{p}^{(k)}} \tag{4.10}$$

式中，$\boldsymbol{p}^{(k)}$ 表示了搜索方向，式（4.9）称为共轭方向法。特别地，如果取 $\boldsymbol{p}^{(0)}=\boldsymbol{s}^{(0)}$，有

$$\boldsymbol{p}^{(k+1)}=\boldsymbol{s}^{(k+1)}+\beta_k\boldsymbol{p}^{(k)},\quad \beta_k=\frac{\boldsymbol{s}^{(k+1)\mathrm{T}}\boldsymbol{A}^{\mathrm{T}}\boldsymbol{A}\boldsymbol{p}^{(k)}}{\boldsymbol{p}^{(k)\mathrm{T}}\boldsymbol{A}^{\mathrm{T}}\boldsymbol{A}\boldsymbol{p}^{(k)}} \tag{4.11}$$

则为共轭梯度法。由式（4.9）～式（4.11）可知，若存在 $k\geqslant 0$，使 $\boldsymbol{s}^{(k)}=0$，则 $\boldsymbol{x}^{(k)}$ 为最小二乘问题的解，且有 $\alpha_k=\beta_k=0, \boldsymbol{s}^{(k+1)}=\boldsymbol{p}^{(k+1)}=0$。

为了更清晰、明确地展示 CGLS 算法的执行步骤，下面给出了 CGLS 算法流程。

算法 4.1　共轭梯度最小二乘算法

输入：$\boldsymbol{A}\in\mathbf{R}^{m\times n},\boldsymbol{b}\in\mathbf{R}^m$，迭代终止阈值 $\mathrm{tol}>0$

输出：解序列 $\boldsymbol{x}$

1　初始化：$\boldsymbol{x}^{(0)}\in\mathbf{R}^n$

2　$\boldsymbol{r}^{(0)}=\boldsymbol{b}-\boldsymbol{A}\boldsymbol{x}^{(0)},\boldsymbol{p}^{(0)}=\boldsymbol{s}^{(0)}=\boldsymbol{A}^{\mathrm{T}}\boldsymbol{r}^{(0)},\gamma_0=\left\|\boldsymbol{s}^{(0)}\right\|_2^2$

---

for　i=0, 1, 2, 3, ⋯ 当 $\gamma_k > \text{tol}$ 时，重复如下步骤

$\boldsymbol{q}^{(k)} = \boldsymbol{A}\boldsymbol{p}^{(k)}, \alpha_k = \gamma_k / \left\|\boldsymbol{q}^{(k)}\right\|_2^2$；

$\boldsymbol{x}^{(k+1)} = \boldsymbol{x}^{(k)} + \alpha_k \boldsymbol{p}^{(k)}$；　$\boldsymbol{r}^{(k+1)} = \boldsymbol{r}^{(k)} - \alpha_k \boldsymbol{q}^{(k)}$

$\boldsymbol{s}^{(k+1)} = \boldsymbol{A}^{\mathrm{T}}\boldsymbol{r}^{(k+1)}$；　$\gamma_{k+1} = \left\|\boldsymbol{s}^{(k+1)}\right\|_2^2$；

$\beta_k = \gamma_{k+1} / \gamma_k$；　$\boldsymbol{p}^{(k+1)} = \boldsymbol{s}^{(k+1)} + \beta_k \boldsymbol{p}^{(k)}$

结束

CGLS 方法是通过迭代求出 $\boldsymbol{x}$ 序列（$x_1, x_2, \cdots, x_k$）。当 CGLS 迭代次数增加，或者矩阵 $\boldsymbol{A}$ 是病态矩阵时，由 CGLS 产生的序列的方差偏大。由于 LSQR 与 CGLS 产生的序列相近，我们引入 LSQR 方法和 CGLS 方法进行并行运算，每步迭代产生 $\boldsymbol{x}(k)(k=1, 2, \cdots)$，并选择最优 $\boldsymbol{x}(k)$作为下步迭代的输入，如此迭代执行，直至收敛。这里我们给出 LSQR 迭代算法，然后在后面部分讨论解序列的最优选择方式。

4.3　最小二乘 QR 算法

LSQR 是在 Lanczos 双对角化（Lanczos bidiagonalization，LBD）的基础上得到的，其和共轭梯度法一样可以用于求解方程 $(\boldsymbol{A}^{\mathrm{T}}\boldsymbol{A} + \lambda^2\boldsymbol{I})\boldsymbol{x} = \boldsymbol{A}^{\mathrm{T}}\boldsymbol{b}$ 。通过对残量 $\boldsymbol{r}_k = \boldsymbol{b} - \boldsymbol{A}\boldsymbol{x}_k$ 的逐步约减去逼近最优解序列 $\{\boldsymbol{x}_k\}$ 。设 $\boldsymbol{A} \in \mathbf{R}^{m\times n}, m \geqslant n$ ，则分别存在 m 阶和 n 阶正交矩阵 $\boldsymbol{U}=(\boldsymbol{u}_1, \cdots, \boldsymbol{u}_m)$，$\boldsymbol{V}=(\boldsymbol{v}_1, \cdots, \boldsymbol{v}_n)$，$\boldsymbol{U}_1=(\boldsymbol{u}_1, \cdots, \boldsymbol{u}_n)$和双对角矩阵：

$$\boldsymbol{B} = \boldsymbol{B}_n = \begin{pmatrix} \alpha_1 & & & \\ \beta_2 & \alpha_2 & & \\ & \beta_2 & \cdots & \\ & & \cdots & \alpha_n \\ & & & \beta_{n+1} \end{pmatrix} \in \mathbf{R}^{(n+1)\times n}$$

且满足 $\boldsymbol{A} = \boldsymbol{U}\begin{pmatrix} \boldsymbol{B} \\ \boldsymbol{U}_1 \end{pmatrix}\boldsymbol{V}^{\mathrm{T}}$ 或等价于 $\boldsymbol{A}\boldsymbol{V} = \boldsymbol{U}_1\boldsymbol{B}, \boldsymbol{A}^{\mathrm{T}}\boldsymbol{U}_1 = \boldsymbol{V}\boldsymbol{B}^{\mathrm{T}}$ 。这里 $\boldsymbol{B}_n$ 不是方阵，进一步令 $\beta_1\boldsymbol{v}_0 = 0, \alpha_{n+1}\boldsymbol{v}_{n+1} = 0$ ，可以得到递推关系：

$$\boldsymbol{A}^{\mathrm{T}}\boldsymbol{u}_j = \beta_j\boldsymbol{v}_{j-1} + \alpha_j\boldsymbol{v}_j \tag{4.12}$$

$$\boldsymbol{A}\boldsymbol{v}_j = \alpha_j\boldsymbol{u}_j + \beta_{j+1}\boldsymbol{u}_{j+1}, \quad j = 1,2,\cdots,n \tag{4.13}$$

给定初始向量 $\boldsymbol{u}_1 \in \mathbf{R}^m, \|\boldsymbol{u}_1\|_2 = 1$ ，对于 j=1, 2, ⋯ 有

$$\boldsymbol{r}_j = \boldsymbol{A}^{\mathrm{T}}\boldsymbol{u}_j - \beta_j\boldsymbol{v}_{j-1}, \quad \alpha_j = \|\boldsymbol{r}_j\|_2, \quad \boldsymbol{v}_j = \boldsymbol{r}_j / \alpha_j \tag{4.14a}$$

$$\boldsymbol{p}_j=\boldsymbol{A}\boldsymbol{v}_j-\alpha_j\boldsymbol{u}_j,\quad \beta_{j+1}=\left\|\boldsymbol{p}_j\right\|_2,\quad \boldsymbol{u}_{j+1}=\boldsymbol{p}_j/\beta_{j+1} \tag{4.14b}$$

求得 $\boldsymbol{B}_n$ 的元素 α_i,β_i 和向量 $\boldsymbol{v}_i,\boldsymbol{u}_i$。

理论上，在LBD过程中，取 $\boldsymbol{u}_1=\boldsymbol{b}/\left\|\boldsymbol{b}\right\|_2$ 为初始向量，对 $\boldsymbol{A}\boldsymbol{A}^{\mathrm{T}}$ 和 $\boldsymbol{A}^{\mathrm{T}}\boldsymbol{A}$ 应用 Lanczos 过程产生的向量相同。而在浮点运算时，Lanczos 向量将失去正交性，上面的许多关系式对于足够的精度要求将不再成立。尽管如此，截断的双对角矩阵 $\boldsymbol{B}_k\in\mathbf{R}^{(k+1)\times k}$ 的最大和最小奇异值能很好地逼近 $\boldsymbol{A}$ 的相应奇异值，即使 $k\ll n$。

现在考虑计算线性最小二乘问题（4.1）的 LSQR 算法。取向量 $\boldsymbol{u}_1=\boldsymbol{b}/\left\|\boldsymbol{b}\right\|_2$，采用式（4.14）经 k 步迭代后，得到矩阵 $\boldsymbol{V}_k$，$\boldsymbol{U}_{k+1}$ 和 $\boldsymbol{B}_k$。

$$\boldsymbol{V}_k=(\boldsymbol{v}_1,\cdots,\boldsymbol{v}_k),\quad \boldsymbol{U}_{k+1}=(\boldsymbol{u}_1,\cdots,\boldsymbol{u}_{k+1}) \tag{4.15}$$

$\boldsymbol{B}_k$ 是 $\boldsymbol{B}_n$ 左上角的 $(k+1)\times k$ 的矩阵，且式（4.15）可写成

$$\beta_1\boldsymbol{U}_{k+1}=\boldsymbol{b}$$

$$\boldsymbol{A}\boldsymbol{V}_k=\boldsymbol{U}_{k+1}\boldsymbol{B}_k\quad \boldsymbol{A}^{\mathrm{T}}\boldsymbol{U}_{k+1}=\boldsymbol{V}_k\boldsymbol{B}_k^{\mathrm{T}}+\alpha_{k+1}\boldsymbol{v}_{k+1}\boldsymbol{e}_{k+1}^{\mathrm{T}} \tag{4.16}$$

对于式（4.1）的近似解 $\boldsymbol{x}^{(k)}$，则可以表示为 $\boldsymbol{x}^{(k)}=\boldsymbol{V}_k\boldsymbol{y}^{(k)}$，且有

$$\boldsymbol{b}-\boldsymbol{A}\boldsymbol{x}^{(k)}=\boldsymbol{U}_{k+1}\boldsymbol{t}_{k+1},\quad \boldsymbol{t}_{k+1}=\beta_1\boldsymbol{e}_1-\boldsymbol{B}_k\boldsymbol{y}^{(k)} \tag{4.17}$$

最后最小二乘问题转化为如下形式：

$$\min_{\boldsymbol{x}^{(k)}\in\mathcal{K}_k}\left\|\boldsymbol{A}\boldsymbol{x}^{(k)}-\boldsymbol{b}\right\|_2=\min_{\boldsymbol{y}^{(k)}}\left\|\boldsymbol{B}_k\boldsymbol{y}^{(k)}-\beta_1\boldsymbol{e}_1\right\|_2 \tag{4.18}$$

这个方法从数学理论上来看，产生和 CGLS 相同的近似序列。从而 LSQR 的收敛性质也和 CGLS 相同。这里我们给出 LSQR 算法。由于 $\boldsymbol{B}_k$ 是长方形的下双对角矩阵，可用一系列的 Givens 矩阵计算它的 QR 分解。

$$\boldsymbol{Q}_k\boldsymbol{B}_k=\begin{pmatrix}\boldsymbol{R}_k\\0\end{pmatrix},\quad \boldsymbol{Q}_k(\beta_1\boldsymbol{e}_1)=\begin{pmatrix}\boldsymbol{f}_k\\\bar{\varphi}_{k+1}\end{pmatrix} \tag{4.19}$$

式中，$\boldsymbol{R}_k$ 是上三角矩阵，$\boldsymbol{Q}_k=\boldsymbol{G}_{k,k+1}\boldsymbol{G}_{k-1,k}\cdots\boldsymbol{G}_{1,2}$。通过计算

$$\boldsymbol{R}_k\boldsymbol{y}^{(k)}=\boldsymbol{f}_k,\quad \boldsymbol{t}_{k+1}=\boldsymbol{Q}_k^{\mathrm{T}}\begin{pmatrix}0\\\bar{\varphi}_{k+1}\end{pmatrix} \tag{4.20}$$

可以获得向量 $\boldsymbol{y}^{(k)}$ 和对应的残量 $\boldsymbol{t}_{k+1}$。上述步骤不需要每一步从最开始计算，假定这里已经计算了 $\boldsymbol{B}_{k,1}$ 的分解，在下一步中加上第 k 列，计算平面的旋转变换 $\boldsymbol{Q}_k=\boldsymbol{G}_{k,k+1}\boldsymbol{Q}_k$ 使得

$$\boldsymbol{G}_{k,k+1}\boldsymbol{G}_{k-1,k}\begin{pmatrix}0\\\alpha_k\\\beta_{k+1}\end{pmatrix}=\begin{pmatrix}\theta_k\\\rho_k\\0\end{pmatrix},\quad \boldsymbol{G}_{k,k+1}\begin{pmatrix}\bar{\phi}_k\\0\end{pmatrix}=\begin{pmatrix}\phi_k\\\bar{\phi}_{k+1}\end{pmatrix} \tag{4.21}$$

理论上，LSQR 和 CGLS 产生相同的近似序列 $\boldsymbol{x}^{(k)}$，然而，Paige 和 Saunders 证明[102]，当要执行很多迭代或 $\boldsymbol{A}$ 是病态矩阵时，LSQR 在数值上更可靠。

根据 LSQR 的数值计算方法，我们给出了 LSQR 算法执行的步骤。

算法 4.2　最小二乘 QR 算法

输入：$\boldsymbol{A}\in\mathbf{R}^{m\times n},\boldsymbol{b}\in\mathbf{R}^{m}$，迭代终止阈值 $\mathrm{tol}>0$

输出：解序列 $\boldsymbol{x}$

1　初始化 $\boldsymbol{x}^{(0)}\in\mathbf{R}^{n}$

2　$\boldsymbol{x}^{(0)}=0;\beta_1\boldsymbol{u}_1=\boldsymbol{b};\alpha_1\boldsymbol{v}_1=\boldsymbol{A}^{\mathrm{T}}\boldsymbol{u}_1$；

　$\boldsymbol{w}_1=\boldsymbol{v}_1;\overline{\varphi}_1=\beta_1;\overline{\rho}_1=\alpha_1$;

3　for i=1, 2, 3, …，当 $\boldsymbol{w}_{i+1}>\mathrm{tol}$ 时，重复如下的步骤

4　$\beta_{i+1}\boldsymbol{u}_{i+1}=\boldsymbol{A}\boldsymbol{v}_i-\alpha_i\boldsymbol{u}_i$；　$\alpha_{i+1}\boldsymbol{v}_{i+1}=\boldsymbol{A}^{\mathrm{T}}\boldsymbol{u}_{i+1}-\beta_{i+1}\boldsymbol{v}_i$；

5　$(c_i,s_i,\rho_i)=\mathrm{givrot}(\overline{\rho}_i,\beta_{i+1})$；

6　$\theta_i=s_i\alpha_{i+1};\overline{\rho}_{i+1}=c_i\alpha_{i+1}$；　$\varphi_i=c_i\overline{\varphi}_i;\overline{\varphi}_{i+1}=-s_i\overline{\varphi}_i$

7　$\boldsymbol{x}^{(i)}=\boldsymbol{x}^{(i-1)}+(\varphi_i/\rho_i)\boldsymbol{w}_i$；　$\boldsymbol{w}_{i+1}=\boldsymbol{v}_{i+1}-(\theta_i/\rho_i)\boldsymbol{w}_i$

8　结束

这里 givrot 为计算 Givens 旋转的算法，旋转的纯量 $\alpha_i\geqslant 0$ 和 $\beta_i\geqslant 0$ 使得相应的向量单位化。

4.4　基于 CGLS 与 LSQR 的组合优化匹配追踪算法

根据 CGLS 算法和 LSQR 算法对最小二乘问题进行求解，可以得到两组解序列。但这两组解序列并不是最优解，特别是在压缩感知过程中，受到噪声干扰时，匹配追踪算法通过求解最小二乘问题恢复得到的信号精度较低。例如，在测量值包含了高斯白噪声的情况下，实验表明其恢复精度下降比较严重。本节提出一种方法用于提高噪声干扰下稀疏恢复的精度。该方法的主要思想在于通过从算法 4.1 和算法 4.2 产生的解序列中迭代选择出最优的序列去逼近真实解，从而确保精确恢复。对于判断和选择每步迭代中产生的两种解序列哪个更优，这里采用了 Alpha 散度来计算两个解序列间的离差程度，并设定离差度阈值，通过对两种序列的 Alpha 散度的计算与离差阈值的比较，选择较优的解序列作为两种算法下一迭代的输入，循环执行，直到收敛。

Alpha 散度，也称为 Renyi 散度，是信息几何学所提出的概念，它主要用于对两个数据集之间的差异度进行度量[103]。对于两个数据集 $\boldsymbol{p}$ 和 $\boldsymbol{q}$，其 Alpha 散度对象函数表示为

$$D_\alpha[\boldsymbol{p}\|\boldsymbol{q}]=\frac{1}{\alpha(1-\alpha)}\int \alpha\boldsymbol{p}+(1-\alpha)\boldsymbol{q}-\boldsymbol{p}^{\alpha}\boldsymbol{q}^{1-\alpha}\mathrm{d}\mu \tag{4.22}$$

式中，$\alpha\in(-\infty,\infty)$。从公式可以看出由于 Alpha 散度的函数是凸函数，因此除两个数据集完全相同时，即 $\boldsymbol{p}=\boldsymbol{q}$，Alpha 散度为 0，其他情况下 Alpha 散度始终为正数。Alpha 散度函数表达式（4.22）通常也表示为

$$D_\beta[\boldsymbol{p}\|\boldsymbol{q}]=\frac{4}{(1-\beta)}\int \frac{1-\beta}{2}\boldsymbol{p}+\frac{1+\beta}{2}\boldsymbol{q}-\boldsymbol{p}^{\frac{1-\beta}{2}}\boldsymbol{q}^{\frac{1+\beta}{2}}\mathrm{d}\mu \tag{4.23}$$

式中，$\alpha=\dfrac{1-\beta}{2}$，因此$1-\alpha=\dfrac{1+\beta}{2}$。当 Alpha 散度用于离散数据集的度量时，数据集 $\boldsymbol{p}$ 和 $\boldsymbol{q}$ 的 Alpha 散度表达式为

$$D_\alpha[\boldsymbol{p}\|\boldsymbol{q}]=\frac{1}{\alpha(1-\alpha)}\sum_{i=1}^{m}\sum_{j=1}^{n}\alpha\boldsymbol{p}_{ij}+(1-\alpha)\boldsymbol{q}_{ij}-\boldsymbol{Y}_{ij}^{\alpha}\boldsymbol{q}_{ij}^{1-\alpha} \tag{4.24}$$

依据式（4.23），式（4.24）通常被表示为

$$D^{\beta}(\boldsymbol{q}\|\boldsymbol{p})=\sum_{ik}\boldsymbol{p}_{ik}\frac{(\boldsymbol{p}_{ik}/\boldsymbol{q}_{ik})^{\beta-1}-1}{\beta(\beta-1)}+\frac{\boldsymbol{q}_{ik}-\boldsymbol{p}_{ik}}{\beta} \tag{4.25}$$

式中，$\beta=(1+\alpha)/2$。

由 Alpha 散度作为两种算法产生序列的离差度量标准，可以避免采用单一算法进行恢复或者采用传统欧氏距离作为数据集差异标准进行恢复而带来的收敛到局部最优，从而造成在噪声干扰下的恢复精度不高的缺点。因此我们可以通过 Alpha 散度在每步迭代中来优化选择解序列，从而得出更精确解。根据 Alpha 散度理论，我们选择恰当的 β（$\beta=0.5$）值建立散度方程[104]。同时为了确保收敛方向和加快收敛速度，引入了权重参数$1/w_i=\left|\boldsymbol{x}_i^{(n)}\right|^2$。权重 w^n 是通过上一步的值 w^{n-1} 迭代计算出来，权重参数可以逐步修正收敛方向。

对于 $\varepsilon>0$ 和权重 $w\in\mathbf{R}$，$w_j>0, j=1,\cdots,N$，这里进一步定义产生函数：

$$\mathcal{F}(z,w,\varepsilon)=\frac{1}{2}\left[\sum_{j=1}^{N}z_j^2w_j+\sum_{j=1}^{N}(\varepsilon^2w_j+w_j^{-1})\right],\quad z\in\mathbf{R}^N \tag{4.26}$$

由于 $\mathcal{F}$ 是凸的，因此对于给定的 w 和 ε，可以求 $\boldsymbol{z}$ 使函数 $\mathcal{F}$ 最小化 0。这里通过迭代法来确定函数 $\mathcal{F}$ 的最小值和每次迭代的权重。为了方便分析这个过程，假定 $\boldsymbol{r}(\boldsymbol{z})$是对 $\boldsymbol{z}$ 的绝对值按降序排列的集合，$\boldsymbol{z}\in\mathbf{R}^N$，因此 $\boldsymbol{r}(\boldsymbol{z})_i$ 是集合$\{|\boldsymbol{z}_j|, j=1,\cdots,N\}$中第 i 个最大元素。因此我们选取初始值 $w^0=(1,\cdots,1),\varepsilon_0=1$，$\boldsymbol{x}_{n+1}$ 的迭代计算式为

$$\boldsymbol{x}^{n+1}=\arg\min_{z\in\mathbf{R}}\mathcal{F}(z,w^n,\varepsilon_n)=\arg\min_{z\in\mathbf{R}}\|z\|_{l2(w^n)} \tag{4.27}$$

式中，$\varepsilon_{n+1}=\min\left(\varepsilon_n,\dfrac{r(\boldsymbol{x}^{n+1})_{K+1}}{N}\right)$

因此权重系数 w 的迭代表示为

$$w^{n+1}=\underset{w>0}{\arg\min}\,\mathcal{F}(\boldsymbol{x}^{n+1},w,\varepsilon_{n+1}) \tag{4.28}$$

计算权重系数的关键在于需要每次迭代求解 $\boldsymbol{x}_{n+1}$，根据最小二乘的计算方法：

$$\boldsymbol{x}^{n+1}=\boldsymbol{D}_n\boldsymbol{\Phi}^{\mathrm{T}}(\boldsymbol{\Phi}\boldsymbol{D}_n\boldsymbol{\Phi}^t)^{-1}\boldsymbol{y} \tag{4.29}$$

式中，$\boldsymbol{D}_n$ 是 $N\times N$ 的对角矩阵，它的第 j 个对角元素是 w_j^n，通过求解 $\boldsymbol{x}_{n+1}$，则权重 w^{n+1} 可以求出：

$$w_j^{n+1}=((\boldsymbol{x}_j^{n+1})^2+\varepsilon_{n+1}^2)^{-1/2},\quad j=1,\cdots,N \tag{4.30}$$

根据上面的分析，我们给出基于 CGLS 和 LSQR 的联合优化的匹配追踪算法（combinatorial optimization MP based CGLS and LSQR，COCLMP），该算法本质上也是寻求式（4.1）的最优解。算法流程如下。

算法 4.3　基于 CGLS 与 LSQR 的组合优化匹配追踪算法

输入：感知矩阵 $\boldsymbol{A}$，测量向量 $\boldsymbol{b}$，权重阈值 ε，收敛阈值 δ

输出：$\boldsymbol{x}$ 的稀疏逼近 $\hat{\boldsymbol{x}}$（$\boldsymbol{x}$ 的解），重建误差 $\boldsymbol{r}$

1　初始化冗余向量 $\boldsymbol{r}_0=\boldsymbol{y}$，索引集合 $\boldsymbol{\Lambda}_t=\boldsymbol{\varphi}$，迭代计数 t=1

2　找到索引 λ_t 使得 $\lambda_t=\arg\max\limits_{j\in(\boldsymbol{M}-\boldsymbol{\Lambda}_t)}\left|\langle\boldsymbol{r}_{t-1},\boldsymbol{\Phi}_j\rangle\right|$，$\boldsymbol{M}$={1, 2, ⋯, M}，$\boldsymbol{M}-\boldsymbol{\Lambda}_t$ 表示集合 $\boldsymbol{M}$ 中去掉 $\boldsymbol{\Lambda}_t$ 中的元素

3　令 $\boldsymbol{\Lambda}_t=\boldsymbol{\Lambda}_{t-1}\cup\{\lambda_t\}$

4　计算新的近似 $\hat{\boldsymbol{x}}_j=\boldsymbol{\Phi}_{\Lambda_t}^{\perp}\boldsymbol{y}$，其中 $\boldsymbol{\Phi}^{\perp}$ 表示 $\boldsymbol{\Phi}$ 的伪逆，$\boldsymbol{\Phi}^{\perp}=(\boldsymbol{\Phi}^{\mathrm{T}}\boldsymbol{\Phi})^{-1}\boldsymbol{\Phi}^{\mathrm{T}}$

5　$\boldsymbol{y}^{(j)}\leftarrow$LSQR($\boldsymbol{\Phi}_{\Lambda_t}$, $\boldsymbol{b}$, $\hat{\boldsymbol{x}}_j$)，$\hat{\boldsymbol{x}}_j$ 作为 LSQR 算法的初始向量

$\boldsymbol{z}^{(j)}\leftarrow$CGLS($\boldsymbol{\Phi}_{\Lambda_t}$, $\boldsymbol{b}$, $\hat{\boldsymbol{x}}_j$)，$\hat{\boldsymbol{x}}_j$ 作为 CGLS 算法的初始向量

$w_j^{n+1}=((\boldsymbol{x}_j^{n+1})^2+\varepsilon_{n+1}^2)^{-1/2},j=1,\cdots,N$

6　计算两个序列的 Alpha 散度

$$\boldsymbol{D}^{\beta}(\boldsymbol{y}^{(j)}\|\boldsymbol{z}^{(j)})=\sum_{ik}\boldsymbol{p}_{ik}\frac{(\boldsymbol{z}_{ik}^{(j)}/\boldsymbol{y}_{ik}^{(j)})^{\beta-1}-1}{\beta(\beta-1)}+\frac{\boldsymbol{y}_{ik}^{(j)}-\boldsymbol{z}_{ik}^{(j)}}{\beta}$$

如果 $\boldsymbol{D}^{\beta}(\boldsymbol{x}_1\|\boldsymbol{x}_2)<\mathrm{tol}$

$\hat{\boldsymbol{x}}_j\leftarrow w\boldsymbol{y}_1+(1-w)\boldsymbol{z}_2$

否则

$\hat{\boldsymbol{x}}_j \leftarrow (1-w)\boldsymbol{y}_1 + w\boldsymbol{z}_2$

7　当 $\left\|\hat{\boldsymbol{x}}_j - \hat{\boldsymbol{x}}_{j-1}\right\|_2 \leqslant \delta$ 或者达到迭代次数，转到步骤 8，否则转到步骤 5，$\hat{\boldsymbol{x}}_j$ 作为 LSQR 和 CGLS 的输入

8　$\boldsymbol{x} = \hat{\boldsymbol{x}}_j$

9　更新冗余向量 $\boldsymbol{r}_t = \boldsymbol{b} - \boldsymbol{a}_{\Lambda_t}\boldsymbol{x}$

10　如果满足 $\left\|\boldsymbol{r}_t - \boldsymbol{r}_{t-1}\right\|_2 < \varepsilon$ 或 $\boldsymbol{N} = \boldsymbol{\Lambda}_t$，则输出 $\boldsymbol{x}$，$\boldsymbol{r} = \boldsymbol{r}_i$；否则 $t=t+1$，转步骤 2

COCLMP 算法是用上一步的解序列作为下一步 LSQR 和 CGLS 算法的输入产生新的解序列，然后通过 Alpha 散度选择较优解序列，作为下一次 LSQR 和 CGLS 算法的输入，不断迭代，直到满足收敛条件。COCLMP 算法最大的特点在于通过 Alpha 散度度量两个解序列的差异进而使得解序列逐步逼近最优解。目前大多数匹配追踪算法进行稀疏恢复的过程中，都采用了把解欠定方程问题转变为一个解最小二乘问题的思路，而 COCLMP 算法通过迭代优化求解方法得到序列的方式，相对于 OMP、StOMP、CoSaOMP、ROMP 等算法来说可以提高恢复精度。

4.5　实验及分析

本节通过实验进一步分析我们提出的基于 LSQR 和 CGLS 联合优化方法与其他重构算法的重构能力，分析其在噪声干扰下进行稀疏重构的性能。实验中噪声干扰的强度采用 SNR 表示，取值为 10，20，30，…，100。对 OMP，StOMP，CoSaOMP，ROMP 和 COCLMP 分别进行实验。这几种算法都属于匹配追踪算法系列，其算法描述见第 2 章，它们共同的特点是把解欠定方程问题转化为一个最小二乘问题。通常情况匹配追踪系列算法在对最小二乘问题求解时，大都采用求伪逆的方式来寻找近似解，但是在压缩感知过程中，噪声的干扰使得这样的方式重构的信号精度较差，而 COCLMP 算法可以较好地解决这类问题，能实现较好的重构精度。

4.5.1　无噪声干扰的稀疏信号重构

实验采用长度 N=1024，稀疏度 s=60 的信号，采用随机矩阵作为采样矩阵，对信号的采样次数分别为 500，550，…，900。然后用恢复算法进行信号重构。实验从两个方面进行，首先进行无噪声干扰下，OMP、StOMP、CoSaOMP 和 ROMP 算法的恢复，之后采用 COCLMP 算法进行恢复，对比分析五种算法的实验效果。

为了量化实验结果，这里采用原信号 $\boldsymbol{x}_{\text{ture}}$ 与重构信号 $\boldsymbol{x}_{\text{rec}}$ 的信噪比来表示恢复结果，SNR 定义如下：

$$\text{SNR}(\boldsymbol{x}_{\text{true}},\boldsymbol{x}_{\text{rec}})=20\lg\frac{\|\boldsymbol{x}_{\text{true}}\|_2}{\|\boldsymbol{x}_{\text{true}}-\boldsymbol{x}_{\text{rec}}\|_2} \tag{4.31}$$

实验结果如图 4.1 所示，OMP、CoSaOMP、ROMP、StOMP 和 COCLMP 展示了采样次数为 500，在无噪声环境下恢复效果。实点表示原始信号，圆圈表示算法重建后恢复的信号。从图 4.1 中可以观察到，五种算法原始信号与恢复信号基本重合，这五种算法在无噪声干扰下的恢复效果比较理想。

为了更进一步分析采样次数与重构精度的关系，采样次数分别选择 500，550，…，900，每种采样次数重复进行 100 次实验，然后计算出恢复信号的 SNR 平均值。根据信号理论，SNR 值越大意味着重构的精度越高。

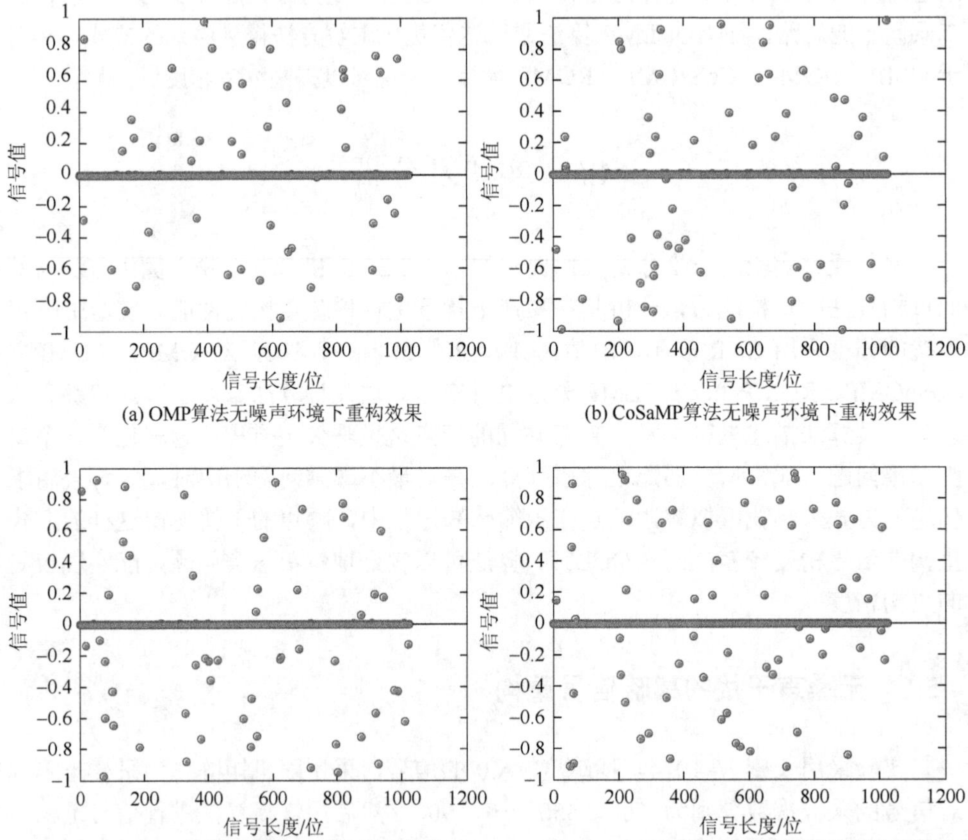

(a) OMP算法无噪声环境下重构效果

(b) CoSaMP算法无噪声环境下重构效果

(c) ROMP算法无噪声环境下重构效果

(d) StOMP算法在无噪声环境下重构效果

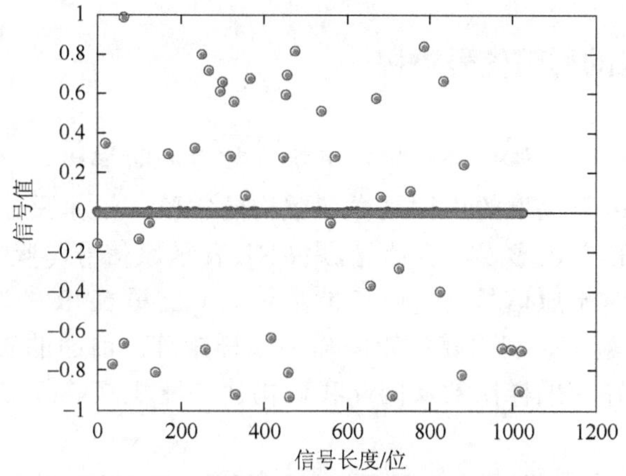

(e) COCLMP算法在无噪声环境下重构效果

图 4.1　OMP，CoSaOMP，ROMP，StOMP 和 COCLMP 在无噪声环境下对稀疏信号的重构效果

图 4.2 展示了无噪声干扰不同采样次数下，OMP、StOMP、CoSaOMP、ROMP、COCLMP 算法重构能力。从图中可以看出在无噪声影响下，这五种算法都能有效地实现信号的重构。进一步，可以观察到当采样次数在 600 以下时，SNR 值上升较快，达到 600 次时，重构算法达到稳定的恢复性能。因此后续实验继续增加采样次数，SNR 值变化不大，即说明重构精度没有明显的增加。根据压缩感知理论，低采样次数下，增加采样次数会带来重构效果的提升，但采样次数越大，算法时间复杂度越大，恰当选择采样次数，可以避免无谓的计算时间。在实验中当采样次数为 600 时，重构性能趋于稳定，因此，后续实验我们采用 600 作为采样次数。

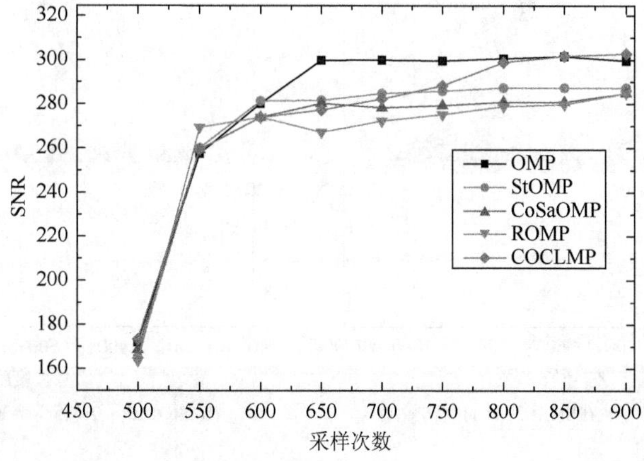

图 4.2　无噪声干扰的不同采样次数下，OMP、StOMP、CoSaOMP、ROMP、COCLMP 算法重构结果

4.5.2　噪声干扰的稀疏信号重构

压缩采样过程中，信号受到噪声干扰，其重构效果也会受到影响。本节中，我们进行噪声干扰下的压缩采样和重构的实验。这里采用高斯白噪声叠加到原始信号上的方式形成混合信号，用SNR表示原信号与噪声强度的关系，SNR值越小，相对于原信号而言噪声能量越大。这里SNR的取值为10，20，30，…，100。实验中，利用随机矩阵作为采样矩阵。前面的实验表明了采样次数为600是较好的采样次数，因此我们构建的随机矩阵仅需要600行来生成采样矩阵。

4.5.1节实验展示了OMP、StOMP、CoSaOMP、ROMP、COCLMP这五种算法的信号重建能力，本节实验进一步研究在噪声影响下的恢复效果。图4.3展示了在压缩采样次数为600的情况下，带有噪声的重构效果。其中采样时原信号与噪声的SNR值为30，经过不同算法恢复后再次计算SNR值，可得到OMP算法的SNR值为13.2507，StOMP算法的SNR值为14.0217，CoSaOMP算法的SNR值为12.0766，ROMP算法的SNR值为9.1521，COCLMP算法的SNR值为16.841。从图4.3中也可以看出ROMP算法重构效果较其他算法差（实点原始信号与圆圈恢复信号的重合程度较其他算法低）。

为了进一步分析四种算法在噪声下的重构性能，考虑高斯白噪声下，SNR=10，20，30，…，100，对每种强度的噪声进行100次重复实验，观测平均SNR（其计算方法如式（4.31））的变化情况。

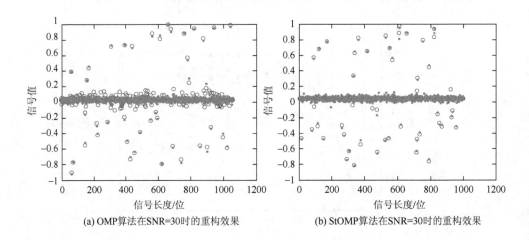

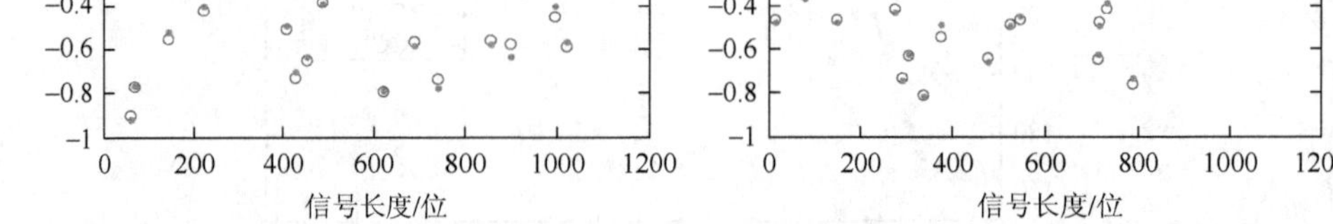

(a) OMP算法在SNR=30时的重构效果　　(b) StOMP算法在SNR=30时的重构效果

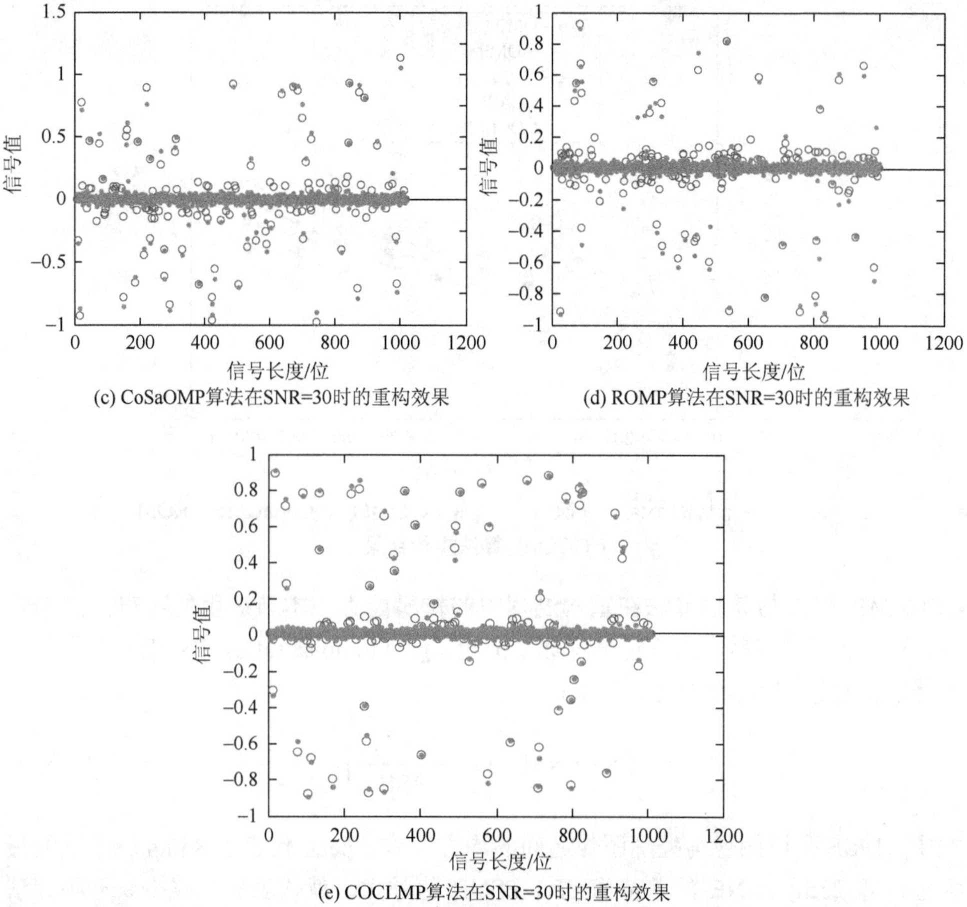

(c) CoSaOMP算法在SNR=30时的重构效果

(d) ROMP算法在SNR=30时的重构效果

(e) COCLMP算法在SNR=30时的重构效果

图 4.3　OMP，StOMP，CoSaOMP，ROMP 和 COCLMP 在噪声干扰下对稀疏信号的重构效果

如图 4.4 所示，OMP、StOMP、CoSaOMP、ROMP、COCLMP 这五种算法在噪声影响下对信号的重构性能。测量阶段较低的 SNR 意味着噪声能量较强，可以看出这五种算法在高能噪声下的恢复能力并不强，其重构性能较差。这说明对于干扰比较严重的情况下，压缩感知要想完整地重构信号还是比较困难的；而随着 SNR 值的提高，即干扰信号逐渐减弱，可以看到重构效果逐渐变好，COCLMP 算法相对于其他四种算法其抗噪的性能提升更明显。最后，当进一步提高采样阶段的 SNR 值时，其重构效果提升较缓慢，这是因为这一阶段噪声相对较弱，算法重构能力趋于稳定。

4.5.3　对噪声图像的重构

本节通过噪声下对图像压缩采样重构性能的研究，进一步分析本书提出的

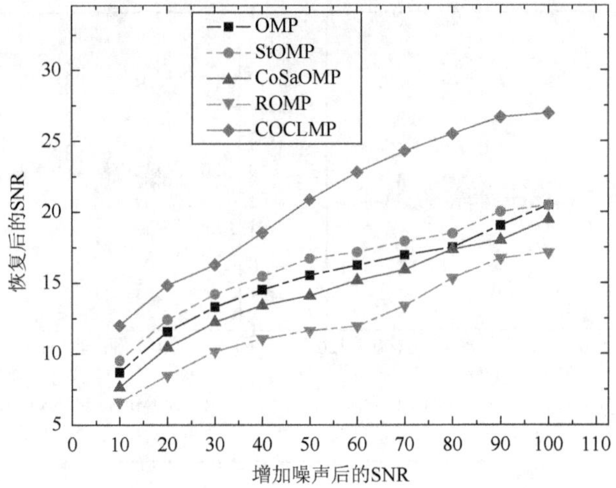

图 4.4　噪声干扰的不同采样次数下，OMP、StOMP、CoSaOMP、ROMP、COCLMP 算法重构结果

COCLMP 算法与其他算法在重构过程中的抗噪能力。本节选用的噪声为高斯噪声，σ 表示标准方差，用峰值信噪比（peak signal to noise ratio，PSNR）表示重构图像的信噪比[105]，其表达式如下：

$$\text{PSNR}=10\times\lg\left(\frac{\left(2^{n}-1\right)^{2}}{\text{MSE}}\right) \tag{4.32}$$

式中，MSE 是原图像与处理图像之间的均方误差。peak 代表了 8 bits 表示法的最大值，即 255。PSNR 的单位为 dB。PSNR 值越大，就代表失真越少。五种算法在不同标准方差下的重构效果如图 4.5 所示。

σ =10　　σ =20　　σ =30　　σ =40　　σ =50

(a) OMP算法重构效果

σ =10　　σ =20　　σ =30　　σ =40　　σ =50

(b) StOMP算法重构效果

$\sigma=10$　$\sigma=20$　$\sigma=30$　$\sigma=40$　$\sigma=50$

(c) CoSaOMP算法重构效果

$\sigma=10$　$\sigma=20$　$\sigma=30$　$\sigma=40$　$\sigma=50$

(d) ROMP算法重构效果

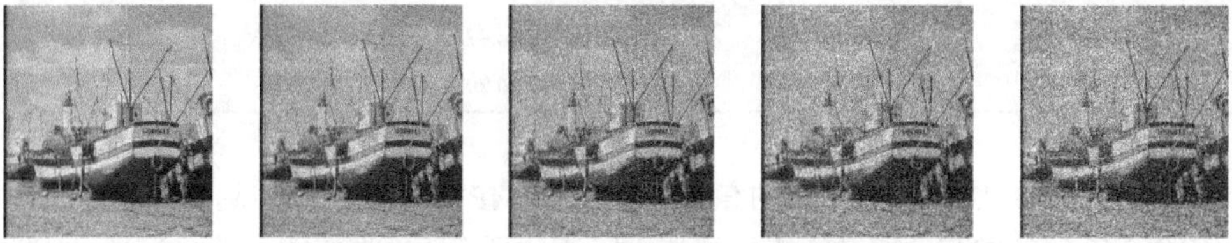

$\sigma=10$　$\sigma=20$　$\sigma=30$　$\sigma=40$　$\sigma=50$

(e) COCLMP算法重构效果

图 4.5　噪声干扰下，OMP、StOMP、CoSaOMP、ROMP、COCLMP 算法对图像的重构效果

图 4.5 展示了在增加的噪声标准方差为 10，20，30，40，50 情况下，OMP、StOMP、CoSaOMP、ROMP、COCLMP 算法对图像的重构效果。从图 4.5 中可以看出，随着噪声强度的增加，重构效果逐渐变差，特别是在噪声的标准方差为 50 的情况下，各种算法重构效果差异不大。但在噪声强度不太高的情况下，即标准方差为 5～30，可以看出相比于其他算法，COCLMP 算法重构的图像效果更好，由此表明 COCLMP 对于低噪声环境下对图像进行压缩采样后的重构能力优于其他四种匹配追踪算法。

表 4.1 进一步列举出了在噪声的标准方差为 5，10，…，50 的情况下，这五种算法重构图像的 PSNR。从表中可以观察到在噪声的标准方差为 5，10，…，30 时，COCLMP 算法重构图像的 PSNR 值高于其他四种算法，而在噪声强度较高的 30，35，…，50 区间，COCLMP 算法并没表现出明显优势，这与图 4.5 展示的结果一致，也进一步说明了 COCLMP 算法对低能噪声干扰下进行压缩采样后的重构能力具有较大的提升。但由于 COCLMP 算法在每次迭代过程中需要进行解序列的优化选择，且其选择的权重 w 本身又是一个最优化问题，其计算复杂较高，

因此算法收敛的时间相比其他算法时间较长，对于进行实时的信号处理还需要进一步提高计算效率。

表 4.1　噪声下重构图像的 PSNR 值

标准方差 σ \ 重构算法	OMP	StOMP	CoSaOMP	ROMP	COCLMP
5	25.6443	32.715	27.0851	23.5517	40.3412
10	24.017	30.0853	25.4885	22.4793	38.561
15	22.4268	28.1688	23.6137	21.2371	34.5791
20	20.9827	26.5958	22.1159	20.0512	32.9841
25	19.5743	24.7385	20.7816	18.8772	28.8564
30	18.4425	23.9191	19.6435	17.9828	25.3521
35	17.4917	21.7088	18.6795	17.0752	22.2147
40	16.7225	21.4088	17.683	16.2582	20.5837
45	15.8553	20.5613	16.9728	15.5573	19.875
50	15.0809	19.9205	16.2051	14.9653	18.5231

以上实验从信号和图像的角度对 COCLMP 算法进行测试，可以分析出 COCLMP 算法同其他四种重构算法在无噪声的环境下，重构能力基本相当。其性能差异主要体现在当压缩采样受到噪声干扰的情况下，COCLMP 算法的重构效果好于其他四种算法。当然这种较好的重构能力，在低能噪声干扰下表现得突出，而对于高噪声影响，由于本身压缩采样就是欠采样，所以采样数据本身受影响过大，较难实现精确重构。

4.6　本 章 小 结

本章提出一种基于 CGLS 和 LSQR 的联合优化的匹配追踪算法。该算法根据匹配追踪系列算法需要解最小二乘问题这一特点，利用 CGLS 算法和 LSQR 算法产生该问题的两组解序列，用上一步的解序列作为下一步 CGLS 和 LSQR 算法的输入产生新解序列，然后通过 Alpha 散度选择较优解序列，作为下一次 CGLS 和 LSQR 算法的输入，不断迭代，直到满足收敛条件。该算法在噪声环境下的压缩感知的重构过程表现出较好的性能。实验表明在高斯噪声下这种联合优化的匹配追踪算法对低噪声具有较好的重构效果，但对于较强的噪声干扰，其性能并不突出。

第 5 章　基于 LASSO 的异常检测算法

异常检测旨在检测出不符合期望行为的数据。通常异常检测方法只构建符合期望行为的数据模式，而不符合期望行为的数据模式由于采样代价高昂或者采样非常困难，使得对异常行为所知甚少甚至一无所知，但是异常行为中却蕴含了显著的（通常具有很大危害甚至致命性的）行为信息。这些异常数据构成的模式在不同的领域有着不同的名称，如异常行为、孤立点、不一致的观测量、特例、偏离、突发行为等。异常检测有着广泛的应用场合，在信用卡和保险欺诈检测、健康检测、网络入侵检测、安全系统缺陷检测以及敌军军事活动检测等方面都有其身影。

异常检测的重要性体现在异常数据往往具有重大意义，异常往往是关键的、紧急的信息对正常规则的反映。例如，在 MRI 图像中的异常，可能表示身体某个部位有重大的病变[106]；信用卡交易的异常暗含了有信用欺诈和身份盗用的风险；航空航天器上获取的异常数据表明设备部件工作异常或出现缺陷；在计算机网络中，异常的数据流意味着黑客向未授权的终端发送一些敏感数据[107，108]；在网络安全领域，异常的数据意味着非法的入侵[109-111]。而实际上，对于网络数据的异常分析，已经成为计算机系统的一个重要研究领域，且正发展成为完善的网络安全科学，其囊括计算机蠕虫病毒检测、网络攻击检测、恶意代码检测等。网络入侵检测的意义在于检测那些隐藏在网络数据流中未知的威胁或攻击。传统的入侵检测技术采用了构建特征行为库的方式，能有效地检测已知的攻击，而对未知攻击的检测则效率较低，因此异常检测的相关方法和技术也是信息安全研究所关注的[112-115]。对于异常检测而言，正是通过对大量的、规律性的、服从一定概率分布的事件的分析和研究，去掌握正常规律的数据模式。相反，那些孤立事件或者异常事件往往来自那些违背规律和常态的行为。在异常检测的研究中，我们需要各种优异的检测方法来发现那些异常事件，如支持向量机[116]、神经网络[117]、遗传算法[118]等在异常检测中都有相关的研究和应用。

异常检测的研究最早源于 19 世纪的统计科学，随着不断地发展，各种异常检测技术被不同的研究团体和机构提出，其中一些技术和方法是基于特定的研究领域，但也有一些普适化的方法[119]。目前的异常检测，一般均从已知的正常类数据中进行学习，建立正常行为的模型以进行异常检测。构建一个假设模型 $h(x)$和一个阈值 p，当 $h(x)\geqslant p$ 时判 x 为正常，否则为异常。而阈值 p 的设定则根据训练集上所允许的经验误差 α 进行确定，使得 $P(h(x)\geqslant p)\geqslant 1-\alpha$，$P(\cdot)$为分布函数。根据该异常检测框架，目前的异常检测方法大多从假设模型的构建方式入手，由此发展出多种方法实现异常检测。根据异常检测构建模型的方式，可以分为如下几种。

1. 统计性模型

采用统计模型的入侵检测通常假定发生的事件服从一定的统计分布，然后建立符合该分布的概率预测模型，通过判断事件数据是否背离该概率预测模型进而得出事件行为是否异常。如 Qiu 等通过建立正常行为特征的人工神经网络的多层隐含层模型，实现了对网络数据的分类检测[120]。在社交网络的异常检测中，Heard 等把贝叶斯统计方法用于社会网络的异常检测中，提出了一种动态图结构的检测方法[121]。该方法首先利用贝叶斯构建正常时间序列的社交数据的图模型节点，然后再采用维度约减算法压缩可能存在的异常子集，最后交由分类算法进行检测。

2. 预测模型

预测模型是通过计算构成异常事件的特征集合在时间上的相干性，从而预测今后可能发生的异常事件，因此建立在该模型上的检测方法，大多是基于时间序列的异常检测。早期，Teng 等采用了一种基于时序的推导性归纳方法[122]，该方法利用了测量数据的时序性规则来建立用户正常行为的规则库，通过动态地调整规则，那些具有较高预测准确性的规则被保留了下来。Gupta 提出了一种从日志记录中提取时间序列数据的智能挖掘系统，对事件的异常行为进行判断[123]。该方法能从文本的语义环境中提取异常特征，因此在监控记录、网络访问控制方面有重要的应用。

3. 基于机器学习的异常检测模型

基于机器学习的异常检测就是采用机器学习的相关方法来建立系统映像。通过对大量数据的分析，依赖与之相关的学习算法，自动产生相关的识别规则，使得建立的模型具有自动识别正常和异常特征的能力。如 Yoo 等提出采用核密度估计的方法建立样本数据的统计模式，以此来判断待检测样本的序列变化，进而确定是否异常[124]。Mabu 等曾利用遗传算法构建一种有限时序机作为异常检测器，通过对序列对象的系统调用作为检测对象，来发现网络数据中的异常访问行为，且实验表明该算法检测速度快、误报率低[125]。同时，利用机器学习的相关方法进行异常特征提取，也是进行异常检测的研究方向。Srinoy 等使用独立主元分析法提取隐含特征，然后使用粗糙模糊聚类方法快速分类，使用数据库知识发现（knowledge discovery in datebase，KDD）数据验证独立主成分分析与粗糙集模糊聚类（independent component analysis-rough set fuzzy clustering，ICA-RFC）算法与常规异常检测算法在性能对比上的优势[126, 127]。

目前有关异常检测的相关研究主要关注于异常检测产生的本质特征，以及在具体的应用领域中相关的专用检测算法[128-130]。例如，在具体的专用算法方面，Meinshausen 等[131]利用统计分析的方法对金融诈骗和信用欺诈进行了研究，探讨了监督学习和无监督学习方法在该领域的应用。Burbeck[129]以网络安全监测应用为背景，研究针对异常检测在网络入侵中的应用，探讨了异常检测的方法在入侵检测中的现状和应用。与前述专用算法不同，Rao 等[27]利用分层和概念学习的思路对通用的异常检测器进行了分类。Porras 等[18]又进一步结合统计学习和神经网络分类能力，总结并分析了一些比较新颖的检测算法，阐述了在这两种理论基础上建立的各种检测方法的特性。在前人异常检测综述的基础上，文献[28]对基于支撑域的方法从核支撑矢量机理论方面对模型及其改进进行了探讨，因其研究的单类分类方法仅利用目标类样本实现了分类，故属于无监督异常检测方法。

事实上，目前大多数异常检测方法都是针对某一特定领域问题进行建模并求解的。这些模型受到各种因素的影响，如数据类型、已标记数据的有效性、待检测的异常类别等。这些因素往往是被待解决问题的领域知识所决定。研究者采用了各种数据分析和检测的理论和方法用于异常检测，如统计学习、机器学习、数据挖掘、信息论甚至光谱分析理论，并在具体的应用领域有着较好的性能表现。

本章提出了一种基于 LASSO（least absolute shrinkage and selection operator）的异常检测方法。我们把异常检测过程转化为线性回归模型，把检测参数作为回归自变量，利用 LASSO 方法建立回归自变量和应变量的参数模型。在异常检测中，自变量对应可测量事件的参数，应变量对应可测量事件的分类结果，他们构成了模型学习的训练数据集。异常事件的检测关键在于评估待检测事件与 LASSO 构建的参数模型的契合程度。LASSO 方法用模型系数的绝对值函数作为惩罚项来压缩模型系数，使绝对值较小的系数自动压缩为零，从而同时实现显著性变量选择和对应参数的估计，且通过回归拟合快速地计算出估计值，并通过估计值与事先设定的阈值进一步判断是否是异常事件。

5.1　LASSO 问题描述

假设有数据$(\boldsymbol{X}_i, \boldsymbol{y}_i)$, i=1, 2, $\cdots$, N，这里 $\boldsymbol{X}_i=(\boldsymbol{x}_{i1}, \cdots, \boldsymbol{x}_{ip})^{\mathrm{T}}$ 和 $\boldsymbol{y}_i$，分别是第 i 个观测值对应的自变量和应变量，考虑线性回归模型：

$$\boldsymbol{y}=\boldsymbol{X\beta}+\boldsymbol{e} \tag{5.1}$$

式中，$\boldsymbol{\beta}$ 是 d 维列向量，为待估参数；误差向量 $\boldsymbol{e}$ 满足 $E(\boldsymbol{e})=0$，且 $\mathrm{Var}(\boldsymbol{e})=\sigma^2\boldsymbol{I}$，并且假定：$E(\boldsymbol{y}\,|\,\boldsymbol{x})=\beta_1\boldsymbol{x}_1+\cdots+\beta_d\boldsymbol{x}_d$。注意该模型是稀疏模型，即 $\beta_1,\beta_2,\cdots,\beta_d$ 中有很多系数为零。变量选择的目的就是根据获取的数据来识别模型中哪些系数为零，并估计其他非零参数，即寻找构建稀疏模型的参数。

通常，对于线性模型其变量选择可以表示如下：

$$\hat{\boldsymbol{\beta}}=\arg\min_{\boldsymbol{\beta}}\|\boldsymbol{y}-\boldsymbol{X}\boldsymbol{\beta}\|^2+\lambda|\boldsymbol{\beta}|_0 \tag{5.2}$$

式中，$|\boldsymbol{\beta}|_0=\{i\,|\,\beta_i\neq 0, i=1,2,\cdots,p\}$。这实际有两个过程：寻找显著性变量和估计对应的系数，用传统方法处理模型选择时，这两个过程是分开进行的。由于没有对参数空间做任何限制，因此在实际处理时往往有一定难度。但 LASSO 及其相关方法在具体实现这两个过程时是同时进行的。LASSO 实际上相当于考虑如下问题的求解。

$$\hat{\boldsymbol{\beta}}=\arg\min_{\boldsymbol{\beta}}\|\boldsymbol{y}-\boldsymbol{X}\boldsymbol{\beta}\|^2,\quad \sum_{i=1}^{d}|\beta_i|\leqslant t \tag{5.3}$$

即要求回归系数绝对值之和小于某一阈值，实际上后面的不等式有效地对参数空间进行了限制。注意式（5.3）的表达和后面用惩罚函数表述的 LASSO 是等价的。

LASSO 问题的求解方式是从 LARS 算法的基础上发展而来的[131, 132]。LARS 是一种变量选择的回归算法[133]，其改进了前向选择（forward selection）算法过分贪婪（overly greedy）而丢失自变量的相关信息，导致计算结果不是最优值这一缺点。同时又改善了前向梯度（forward stagewise）算法计算步长太小过于谨慎，导致计算复杂度较高这一弊端。LARS 算法相对于前向选择算法和前向梯度算法而言，其对应变量 $\boldsymbol{y}$ 的逼近是在与 $\boldsymbol{y}$ 具有相等相关度的自变量 $\boldsymbol{x}$ 的角分线方向上。LASSO 求解的方式则是在 LARS 求解的方向上消除步长与当前解异号的情况[134]，即从变量选择的前进方向中，去掉那些可能导致步长方向不一致的中间变量。

5.2 最小二乘角回归

LARS 的基本思想是：初始时令所有系数 $\boldsymbol{\beta}$ 为零，找出与应变量 $\boldsymbol{y}$ 最相关的自变量 $\boldsymbol{x}_j$。然后在这个变量方向上对 $\boldsymbol{y}$ 进行逼近，直到出现另一个变量 $\boldsymbol{x}_i$，它与应变量 $\boldsymbol{y}$ 的相关度与 $\boldsymbol{x}_j$ 和 $\boldsymbol{y}$ 的相关度相等，此时逼近系数 $\beta_k=\dfrac{\langle\boldsymbol{x}_j,\boldsymbol{y}\rangle}{\|\boldsymbol{x}_j\|_2}=\dfrac{\langle\boldsymbol{x}_i,\boldsymbol{y}\rangle}{\|\boldsymbol{x}_i\|_2}$。接下来与前向梯度算法和前向选择算法不同的是，算法沿 $\boldsymbol{x}_j$ 和 $\boldsymbol{x}_i$ 的角分线方向对 $\boldsymbol{y}$ 进行逼近，直到找到另一变量 $\boldsymbol{x}_k$，使得 $\boldsymbol{x}_k$ 与应变量 $\boldsymbol{y}$ 具有最强相关性，然后在沿 $\boldsymbol{x}_i, \boldsymbol{x}_j, \boldsymbol{x}_k$ 的角分线方向去逼近 $\boldsymbol{y}$，直到找到一个变量 $\boldsymbol{x}_p$ 与 $\boldsymbol{y}$ 最强相关，以此类推，直到残差

$\boldsymbol{y}' = \boldsymbol{y} - \beta_k \boldsymbol{x}_p$ 足够小或已选择了所有自变量，则算法结束。

LARS 的关键在于确定高维向量的“角分线”，同时在“角分线”方向上对应变量进行逼近时，还要考虑如何选择合适步长以便逐步增加到下一个自变量与应变量的相关度与其他几个已选中的自变量相同。

假定 $\boldsymbol{x}_1, \boldsymbol{x}_2, \cdots, \boldsymbol{x}_m$ 是线性独立的自变量，$\boldsymbol{A}$ 是一个指标集，$\boldsymbol{A}=\{1, 2, \cdots, m\}$，定义一个矩阵 $\boldsymbol{X}_A$：

$$\boldsymbol{X}_A = (\cdots s_j \boldsymbol{x}_j \cdots)_{j\in A} \tag{5.4}$$

式中，s_j 为符号变量，$s_j=\{1,-1\}$，$\boldsymbol{X}_A$ 为从 $\boldsymbol{X}$ 中选取出满足指标集 $\boldsymbol{A}$ 的列向量。使

$$\boldsymbol{G}_A = \boldsymbol{X}_A^{\mathrm{T}} \boldsymbol{X}_A \text{ 且 } \boldsymbol{A}_A = (\boldsymbol{1}_A^{\mathrm{T}} \boldsymbol{G}_A^{-1} \boldsymbol{1}_A)^{-1/2} \tag{5.5}$$

式中，$\boldsymbol{1}_A$ 为长度为$|\boldsymbol{A}|_0$ 所有元素为 1 的向量，则 $\boldsymbol{X}_A$ 中所有向量的角分线为

$$\boldsymbol{u}_A = \boldsymbol{X}_A \boldsymbol{w}_A \text{ 且 } \boldsymbol{w}_A = \boldsymbol{A}_A \boldsymbol{G}_A^{-1} \boldsymbol{1}_A \tag{5.6}$$

这里 $\boldsymbol{u}_A$ 是角分线上的单位矢量：

$$\boldsymbol{X}_A^{\mathrm{T}} \boldsymbol{u}_A = \boldsymbol{A}_A \boldsymbol{1}_A \quad \|\boldsymbol{u}_A\|^2 = 1 \tag{5.7}$$

进一步，对 LARS 算法的细节进行描述，在梯度递进的过程中，$\hat{\boldsymbol{u}}_0 = 0$，且逐步产生 $\hat{\boldsymbol{u}}$。假定 $\hat{\boldsymbol{u}}_A$ 是 LARS 算法当前产生的估值：

$$\hat{\boldsymbol{c}} = \boldsymbol{X}^{\mathrm{T}} (\boldsymbol{y} - \hat{\boldsymbol{u}}_A) \text{ 或者 } \hat{\boldsymbol{c}}_j = \left\langle \boldsymbol{x}_j, \boldsymbol{y} - \hat{\boldsymbol{u}}_A \right\rangle \tag{5.8}$$

其为当前角分线上的矢量与应变量的相关度。而指标集 $\boldsymbol{A}$ 则是对应与应变量 $\boldsymbol{y}$ 的最大相关自变量：

$$\hat{\boldsymbol{c}} = \max_j \{|\hat{\boldsymbol{c}}_j|\} \quad \boldsymbol{A} = \{j : |\hat{\boldsymbol{c}}_j| = \hat{\boldsymbol{C}}\} \tag{5.9}$$

令 $s_j = \mathrm{sign}\{\hat{\boldsymbol{c}}_j\} \quad j \in \boldsymbol{A}$，通过式（5.9），可以计算出 $\boldsymbol{X}_A$，$\boldsymbol{A}_A$ 和 $\boldsymbol{u}_A$，然后计算指标集对应的自变量 $\boldsymbol{X}_A$ 与角分线矢量的内积：

$$a = \boldsymbol{X}^{\mathrm{T}} \boldsymbol{u}_A \tag{5.10}$$

然后更新至 $\hat{\boldsymbol{u}}_A$，因此算法沿 $\boldsymbol{u}_A$ 方向的估值为

$$\hat{\boldsymbol{u}}_{A+} = \hat{\boldsymbol{u}}_A + \hat{\gamma} \boldsymbol{u}_A \tag{5.11}$$

式中，$\hat{\gamma}$ 为算法沿 $\boldsymbol{u}_A$ 方向前进的长度：

$$\hat{\gamma} = \min\nolimits_{j\in A^{\mathrm{c}}}^{+} \left\{ \frac{\hat{\boldsymbol{C}} - \hat{\boldsymbol{c}}_j}{\boldsymbol{A}_A - \boldsymbol{a}_j}, \frac{\hat{\boldsymbol{C}} + \hat{\boldsymbol{c}}_j}{\boldsymbol{A}_A + \boldsymbol{a}_j} \right\} \tag{5.12}$$

式中，min 上面的加号表示在选择 j 的执行步中，只计算集合中正数的最小值。如果 $\hat{\gamma} > 0$，则应变量和当前变量的相关度为

$$\boldsymbol{c}_j(\hat{\gamma}) = \boldsymbol{x}_j'(\boldsymbol{y} - \boldsymbol{u}(\hat{\gamma})) = \hat{\boldsymbol{c}}_j - \hat{\gamma} \boldsymbol{a}_j \tag{5.13}$$

因此对于 $j \in \boldsymbol{A}$，根据式（5.12）和式（5.13）则有

$$|\boldsymbol{c}_j(\hat{\gamma})| = \hat{\boldsymbol{C}} - \hat{\gamma} \boldsymbol{A}_A \tag{5.14a}$$

表明了每一步计算出的相关度的下降幅度的绝对值是一致的，之后则需要引入新的元素，更新指标集：

$$\boldsymbol{A}_{+} = \boldsymbol{A} \cup \{\hat{j}\} \tag{5.14b}$$

式中，$\hat{j}$ 为使式（5.12）取得最小值的 j。至此算法进入下一次逼近，用 $\boldsymbol{A}_{+}$ 代替 $\boldsymbol{A}$ 重复上述步骤，直到残差足够小或所有自变量都被使用过。

5.3　LASSO 算法

通过对 LARS 算法进行修正，可以得到 LASSO 算法[135]。实际上 LASSO 的求解方式是对 LARS 算法在式（5.8）～式（5.13）上进行的改进，消除了解 $\boldsymbol{\beta}$ 异号的情况，即可得到 LASSO 解。如果 $\boldsymbol{\beta}$ 是 LASSO 问题 $\boldsymbol{u} = \boldsymbol{X\beta}$ 的解，则可以得到 $\boldsymbol{\beta}$ 的符号必须与当前相关度 $\boldsymbol{c}_j = \langle \boldsymbol{x}'_j, (\boldsymbol{y} - \boldsymbol{u}) \rangle$ 是一致的，即

$$\operatorname{sign}(\beta_j) = \operatorname{sign}(\boldsymbol{c}_j) = \operatorname{sign}(\langle \boldsymbol{x}'_j, (\boldsymbol{y} - \boldsymbol{u}) \rangle) = s_j \tag{5.15}$$

也就是说 LASSO 解要求与当前逼近保持同向。而 LARS 算法没有要求满足式（5.15）的约束条件。假设我们已经完成了 LARS 的前几步，得到了一个新的回归变量集 $\boldsymbol{A}$ 和 LARS 算法的估值 $\hat{\boldsymbol{u}}_A$，其对应于 LASSO 的解 $\hat{\boldsymbol{u}} = \boldsymbol{X}\hat{\boldsymbol{\beta}}$，令

$$\boldsymbol{w}_A = \boldsymbol{A}_A \boldsymbol{G}_A^{-1} \boldsymbol{1}_A \tag{5.16}$$

$\boldsymbol{w}_A$ 是一个长度为 A 的向量；进一步，这里定义了一个向量 $\hat{\boldsymbol{d}}$，这个向量的元素是 $s_j \boldsymbol{w}_j$，其中 s_j 是入选变量 $\boldsymbol{x}_j$ 与当前残差的相关系数的符号，也是 $\hat{\beta}_j$ 的符号。对于没有入选的变量，他们对应在 $\hat{\boldsymbol{d}}$ 中的元素为 0。在 LARS 算法式（5.11）中沿 γ 的正方向逼近，可以得

$$\boldsymbol{u}(\gamma) = \boldsymbol{X\beta}(\gamma) \tag{5.17}$$

式中，$\beta_j(\gamma) = \hat{\beta}_j + \gamma \hat{d}_j$。由于 j 是在集合 $\boldsymbol{A}$ 中，因此 $\beta_j(\gamma)$ 在 $\gamma_j = -\hat{\beta}_j / \hat{d}_j$ 处改变了符号，通常，首次符号变换出现在

$$\tilde{\gamma} = \min_{\gamma_j > 0} \{\gamma_j\} \tag{5.18}$$

而对于已经有的估计值 $\boldsymbol{\beta}(\gamma)$ 中的元素会在大于 0 的最小值的 γ_j 处变号。我们记之为 $\tilde{\gamma}$。如果没有 γ_j 大于 0，那么 $\tilde{\gamma}$ 就记为无穷大。在式（5.12）中，如果 $\tilde{\gamma}$ 小于 $\hat{\gamma}$，由于背离了式（5.15）的符号约束条件，则当 $\gamma > \tilde{\gamma}$ 时，$\beta_j(\gamma)$ 不是 LASSO 的解。连续函数 $\boldsymbol{c}_j(\gamma)$ 是不能改变符号的，在 LARS 算法步骤中，对于式（5.14）且有

$$|\boldsymbol{c}_j(\gamma)| = \hat{\boldsymbol{C}} - \gamma \boldsymbol{A}_A > 0 \tag{5.19}$$

因此当出现 $\tilde{\gamma} < \hat{\gamma}$ 时，LARS 算法在 $\tilde{\gamma} = \hat{\gamma}$ 停滞，而 LASSO 则从下一次计算角分线

的向量中移除 $\tilde{j}$，因此算法前进的方向不再是式（5.11），而是

$$\hat{u}_{A_+} = \hat{u}_A + \tilde{\gamma} u_A, \quad A_+ = A - \{\tilde{j}\} \tag{5.20}$$

LASSO 算法多变量求解步骤可以描述如下。

算法 5.1　基于 LASSO 的变量求解算法

输入：自变量集 X，应变量集 Y，误差项 ε

输出：回归系数 β

1　数据预处理，正则化 X，Y

2　初始化：逼近方向 $u = 0$，残差 $\hat{y} = y - u$

3　$c = X^{\mathrm{T}} \hat{y}$

4　$C = \max_j(|c_j|)$

5　$\hat{j} = \arg\max_j(|c_j|), A = (\hat{j})$

6　当 $\|\hat{y}\|_{\mathrm{L2}} < \varepsilon$ 且 $|A| \leqslant m$ 时，循环迭代执行，

7　通过式（5.5），式（5.6）求解 A_A, w_A, u_A

8　通过式（5.8），式（5.9）求得 c_j 和 $\hat{c}$

9　如果 $|A| \leqslant m$，则利用式（5.12）求解 $\hat{\gamma}, \hat{j}$

10　否则直接由 C/A_A 计算出 $\hat{\gamma}$

11　然后，直接用式（5.18）计算 $\tilde{\gamma}, \tilde{j}$

12　如果 $\tilde{\gamma} < \hat{\gamma}$，则计算回归系数和逼近方向

13　$\beta_A = \beta_A + \tilde{\gamma} w_A$

14　$u = u + \tilde{\gamma} u_A, \quad \tilde{y} = y - u$

15　$A = A - \{\tilde{j}\}$

16　否则

17　$\beta_A = \beta_A + \tilde{\gamma} w_A$

18　$u = u + \tilde{\gamma} u_A, \quad \tilde{y} = y - u$

19　$A = A \cup \{\hat{j}\}$

20　循环结束

21　最后返回回归系数 β

LASSO 作为一种参数估计方法，能有效地克服传统方法在选择变量上的缺点，其既具有岭回归（ridge regression）这种有偏估计方法的拟合精度高，对参数估计稳定的特点；又具有子集选择（subset selection）剔除冗余变量，降低计算维

度，从而提高模型精度，减少运行时间的优点[136]。在异常检测中，异常情况或者事件的出现往往是由多个变量因素共同作用产生的，而且还有可能存在中间变量、隐藏变量等。同时需要在事件产生的高维数据中去分析出异常行为，需要消除冗余变量，减少模型建立的开销。我们构建基于 LASSO 异常检测模型，实际上是一种统计模型的异常检测方式，通过建立数据的统计模型，采取参数回归估计的方式来确定检测模型，进而对后续的异常行为进行判断。虽然对于参数估计来说，传统的最小二乘估计具有简单、快速且无偏估计的特点，但是它的方差在自变量线性相关程度高时通常较大，会降低检测精度。我们正是利用 LASSO 在参数回归估计上的稳定性、可解释性以及回归系数压缩的特点，实现快速、高效、准确的异常检测。

5.4 基于 LASSO 的异常检测模型

LASSO 问题的求解实质上是解一个带不等式约束的二次规划问题。把 LASSO 问题的求解用于异常检测的关键在于把对异常情况的判断转化为二次规划问题的线性回归。在具体的检测环境中，就是把影响检测结果的指标变量与 LASSO 问题的自变量 $\boldsymbol{X}$ 进行关联，而应变量对应了检测的结果。建立异常检测模型的根本就在于找出检测指标变量和结果变量之间的关系。在 LASSO 问题中，即是求解出模型参数 $\boldsymbol{\beta}$，通常 $\boldsymbol{\beta}$ 是一个参数集合，对于多元线性回归问题，$\boldsymbol{\beta}$ 甚至可以是一个矩阵集合。一旦模型参数 $\boldsymbol{\beta}$ 确定，我们就可以把待检测的数据作为 $\boldsymbol{X}$ 输入，通过矩阵运算，就可以得到预测值 $\boldsymbol{y}$，然后通过设置恰当的阈值，就可以从数据中判断出异常行为数据。

但是，在 LASSO 用于异常检测的具体应用中，我们需要进一步解决以下两个问题。

（1）对变量加权计算角分线。

迭代过程中的每一个 $\boldsymbol{\beta}$ 都是当前自变量集 $\boldsymbol{X}$ 中逼近 $\boldsymbol{y}$ 的最佳系数属性集（$\cdots \boldsymbol{x}_i, \boldsymbol{x}_j, \boldsymbol{x}_k \cdots$）的角分线对应的属性向量，不是实际的属性向量。其表示当前最能逼近应变量的属性向量，即该属性向量下确定的系数，是本次迭代能够计算出逼近 $\boldsymbol{y}$ 的最佳系数 β_n，我们称该角分线上的属性向量为局部最优属性向量。其物理意义为：在 LASSO 中利用属性集（$\cdots \boldsymbol{x}_i, \boldsymbol{x}_j, \boldsymbol{x}_k \cdots$）计算出的系数，与该局部最优属性向量计算出的系数是相同的，也就是说，对于（$\cdots \boldsymbol{x}_i, x_j, x_k \cdots$）多个属性向量构建的求解 $\boldsymbol{\beta}$ 的等式可以归一化为一个属性向量构建的求解等式。

在异常检测中，并不是所有的属性项都影响着检测结果，且每种属性对检测结果影响的大小也是不一样的。因此，在 LASSO 中计算角分线时，我们对属性变量进行了加权，并用加权后的属性变量求得角分线和在该角分线方向的估值。

因此对于需要计算角分线的变量集 $\boldsymbol{Z}=\{\boldsymbol{Z}_1,\boldsymbol{Z}_2,\cdots,\boldsymbol{Z}_n\}$，其待逼近的应变量为 $\boldsymbol{Y}$，其中 $\boldsymbol{Z}_j$ 与 $\boldsymbol{Y}$ 的协方差为

$$\mathrm{Cov}(\boldsymbol{Z}_j,\boldsymbol{Y})=E(\boldsymbol{Z}_j\cdot E(\boldsymbol{Z}_j)-\boldsymbol{Y}\cdot E(\boldsymbol{Y})) \tag{5.21}$$

$\boldsymbol{Z}_j$ 与 $\boldsymbol{Y}$ 的方差分别为

$$D(\boldsymbol{Z}_j)=E(\boldsymbol{Z}_j-E(\boldsymbol{Z}_j)),\ D(\boldsymbol{Y})=E(\boldsymbol{Y}-E(\boldsymbol{Y})) \tag{5.22}$$

因此，计算角分线的每个变量的权值为

$$\eta_j=\left|\frac{\mathrm{Cov}(\boldsymbol{Z}_j,\boldsymbol{Y})}{\sqrt{D(\boldsymbol{Z}_j)D(\boldsymbol{Y})}}\right|,\ 0<\eta<1 \tag{5.23}$$

LASSO 算法在进行异常检测时，需要在加入权值求得角分线和该角分线方向的估值，以便更好地逼近 $\boldsymbol{Y}$，即式（5.4）为

$$\boldsymbol{X}_A=(\cdots\eta_j s_j\boldsymbol{x}_j\cdots)_{j\in A} \tag{5.24}$$

（2）采用 SCAD 惩罚函数。

由于异常检测数据存在稀疏性，因此 LASSO 在异常检测中的参数估计模型需要满足系数的稀疏性要求，且为达到邻近系数的稀疏性，还要实现系数差分的稀疏性。因此在式（5.3）中，我们加入了平滑切片绝对偏差（smoothly clipped absolute deviation，SCAD）惩罚函数作为约束项。SCAD 实际上是一个光滑的惩罚函数，其形式如下：

$$p_\lambda(|\boldsymbol{\beta}|)=\begin{cases}\lambda|\boldsymbol{\beta}|, & 0\leqslant|\boldsymbol{\beta}|<\lambda\\ -(|\boldsymbol{\beta}|^2-2a\lambda|\boldsymbol{\beta}|+\lambda^2)/(2(a-1)), & \lambda\leqslant|\boldsymbol{\beta}|<a\lambda\\ (a+1)\lambda^2/2, & |\boldsymbol{\beta}|\geqslant a\lambda\end{cases} \tag{5.25}$$

因此 LASSO 参数求解表达式变为

$$\hat{\boldsymbol{\beta}}=\arg\min_{\boldsymbol{\beta}}\|\boldsymbol{y}-\boldsymbol{X}\boldsymbol{\beta}\|^2+\sum_{j=1}^{p_n}p_{\lambda_n}(|\beta_{nj}|) \tag{5.26}$$

对于异常检测而言，我们考虑回归系数 $\boldsymbol{\beta}$ 尽可能稀疏，同时又要有稳定的解序列表达，因此把 $\boldsymbol{\beta}$ 的约束条件限定在 $\lambda\leqslant|\boldsymbol{\beta}|<a\lambda$，故用于异常检测的 LASSO 方程式为

$$\hat{\boldsymbol{\beta}}=\arg\min_{\boldsymbol{\beta}}\|\boldsymbol{y}-\boldsymbol{X}\boldsymbol{\beta}\|^2+\sum_{j=1}^{p_n}-(|\beta_{nj}|^2-2a\lambda|\beta_{nj}|+\lambda^2)/(2(a-1)) \tag{5.27}$$

进一步，我们利用网络入侵检测的 NSL-KDD 数据集来分析 LASSO 在异常检测中的变量回归求解方式。根据式（5.3），我们先利用 NSL-KDD 的 41 个属性变量构建自变量集 $\boldsymbol{X}$，其分类结果（正常或异常）对应应变量 $\boldsymbol{y}$，然后利用 LASSO 回归求解自变量集的系数，从而构建异常检测模型。

图 5.1 展示了在 NSL-KDD 数据集下，LASSO 算法每轮循环应变量与角分线方向的残量的平方和（sum of squared residual，SSR）。我们选取了迭代步中的 15 步，可以看出初始时较大，然后迅速下降，最后趋于稳定，而 SSR 平稳的转折点就对应了 LASSO 在 NSL-KDD 数据集中进行回归的最佳自变量系数。而光滑曲线上的竖直线段代表了在该 SSR 值上残量的标准差。

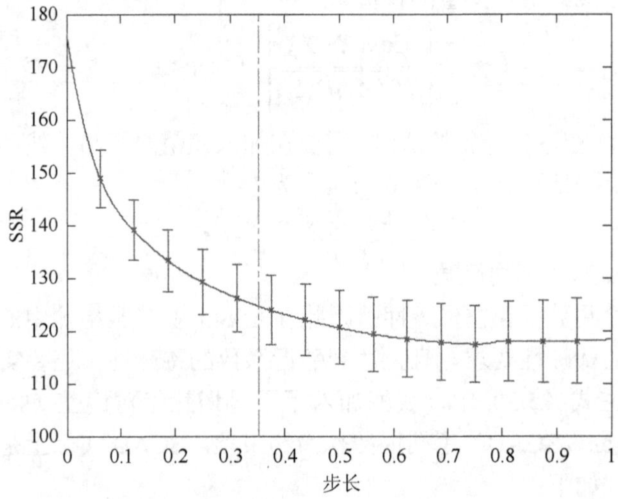

图 5.1　应变量与角分线方向的残量的平方曲线

图 5.2 展示了 NSL-KDD 数据集中，41 个属性变量 LASSO 回归的逼近过程，横坐标表示阈值 t，纵坐标表示了自变量回归系数的取值。我们把式（5.3）中的阈值 t 从 0 到 1 逐步增加，每一条曲线代表每一个属性变量的系数变换过程。可以看出阈值较小时，属性变量的系数趋于零，这说明该属性变量在整个回归模型中对异常检测的影响较低，进行异常检测时可以忽略该属性变量。但随着阈值 t 的增加，可以明显地观察到属性变量的系数逐渐增大，越来越多的属性变量对异常检测的结果有影响，其检测精度高于低阈值的情况，但势必增加计算开销。因此在实际检测中，我们需要寻找合理的 LASSO 回归的阈值，以较低的计算代价来得到较高的检测精度。

为了在后面的实验中方便数据处理，并获得稳定的数值解，我们对式（5.3）进行预处理和归一化，并使得向量 $\boldsymbol{y}$ 和向量 $\boldsymbol{X}_i$ =1, 2, ⋯, m 经过处理后均值为零。

$$\overline{\boldsymbol{y}}=\frac{1}{n}\sum_{i=1}^{n}\boldsymbol{y}_i,\quad \boldsymbol{y}'=\boldsymbol{y}-\overline{\boldsymbol{y}}$$

$$\overline{\boldsymbol{x}}_j=\frac{1}{n}\sum_{i=1}^{n}\boldsymbol{x}_{ij},\quad \boldsymbol{x}'_j=\boldsymbol{x}_j-\overline{\boldsymbol{x}}_j$$

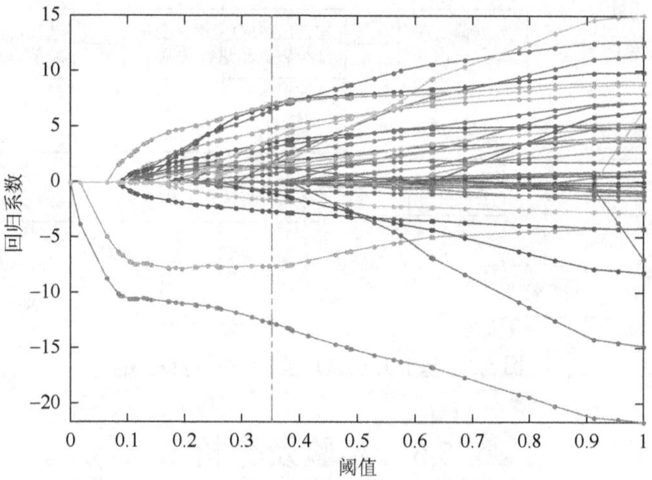

图 5.2　不同阈值下属性变量回归系数曲线

令 $\alpha=\overline{y}-\sum_{j=1}^{m}\overline{x}_j\beta_j$，则式（5.3）等价于

$$\boldsymbol{\beta}=\arg\min\left\|\boldsymbol{y}'-\boldsymbol{X}'\boldsymbol{\beta}\right\|_2\text{，约束条件}\left\|\boldsymbol{\beta}\right\|_1\leqslant t$$

又有

$$\boldsymbol{X}_j=\left\|\boldsymbol{x}_j'\right\|_2,\quad \boldsymbol{x}_j''=\frac{\boldsymbol{x}_j'}{\boldsymbol{X}_j}$$

并令

$$\beta_j'=\beta_j\boldsymbol{X}_j$$

则式（5.3）等价于

$$\boldsymbol{\beta}'=\arg\min\left\|\boldsymbol{y}'-\boldsymbol{X}''\boldsymbol{\beta}'\right\|_2,\quad \left\|\boldsymbol{\beta}'\right\|_1\leqslant t'$$

以上过程就是对 LASSO 求解的归一化处理，可以看出其自变量和应变量的均值为零。在预处理中，我们需要完成对数据的归一化处理，使之符合 LASSO 的归一化求解方式。通常情况下，对采集到的数据都要进行如上处理，缩小数据取值范围，有利于算法求解的稳定性。

基于 LASSO 的异常检测流程如图 5.3 所示。

（1）导入训练集，对数据进行规范化，确定自变量集合和应变量，建立 LASSO 的线性求解模型。

（2）求解 LASSO 问题方程式，得到模型参数集 $\boldsymbol{\beta}$。这里我们采用了 5.3 节中描述的在 LARS 基础上修正的回归算法来计算自变量的参数集。

（3）输入带检测的数据矩阵，与模型参数集合进行矩阵乘运算，得到检测值 $\boldsymbol{y}$，然后根据事先设定的阈值，从 $\boldsymbol{y}$ 中判断正常或异常行为。

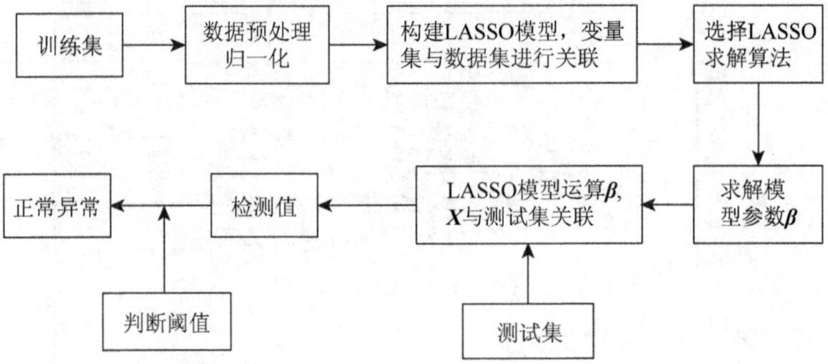

图 5.3　基于 LASSO 的异常检测流程图

5.5　实验及分析

5.5.1　数据描述

为了详细地分析 LASSO 在异常检测中的能力，我们采用了三组不同的数据集进行测试。

（1）威斯康星大学临床科学中心提供的乳腺癌诊断数据库。该数据集记录了 569 个乳腺癌样本，并对样本做了良性和恶性的标记，检测目标就是通过我们的方法对恶性肿瘤这一异常情况进行检测。

（2）在入侵检测中，KDD99 是一个广泛使用的最具代表性的数据集。我们采用了从 KDD99 数据改进发展而来的 NSL-KDD，该数据集消除了 KDD99 数据集中的冗余，并随机地从 KDD99 数据集中抽取子集得到。因此 NSL-KDD 的训练集和测试集都比 KDD99 要小，而且数据没有重复，因此用于测试算法，其结果更稳定。

（3）第三个数据集是葡萄牙波尔图大学医学院的胎心监护数据集。该数据集包含 2126 例胎儿心脏检测数据，通过对数据进行分析，医生对胎儿情况的分类结果有三个：正常（normal）、可疑（suspect）、病理（pathologic）。在实验中我们把可疑和病理都归入异常类，实验目的在于测试我们的方法对胎儿心脏“病理”这一异常情况检测的效果。

5.5.2　实验结果分析

为了进一步对本书提出的方法性能进行评估，我们采用了 ROC（receiver operating characteristic）曲线对结果进行展示，以便更直观地对结果进行评判和分析。对于异常检测，实际上就是一个二元分类问题，根据二元分类模型，则异常检测的结果有四种类型。

（1）真阳性（true positive，TP）：检测为异常，实际上也为异常。

（2）伪阳性（false positive，FP）：检测为异常，实际却为正常。

（3）真阴性（true negative，TN）：检测为正常，实际上也为正常。

（4）伪阴性（false negative，FN）：检测为正常，实际却为异常。

我们采用了 recall（召回率），precision（精确率），F-measure（F-检验），overall accuracy（总体准确率）作为检查标准，其表达式如下：

$$\text{recall}=\frac{\text{TP}}{\text{TP}+\text{FN}}$$

$$\text{precision}=\frac{\text{TP}}{\text{TP}+\text{FP}}$$

$$\text{F-measure}=\frac{(\beta^2+1)(\text{precision}\cdot\text{recall})}{\beta^2\cdot\text{precision}+\text{recall}}$$

$$\text{overall accuracy}=\frac{\text{TP}+\text{TN}}{\text{TP}+\text{TN}+\text{FN}+\text{FP}}$$

式中，$\beta=1$。

实验中对异常情况的判断是通过预测值与阈值进行比较，大于阈值则为异常，小于阈值则为正常。因此对于阈值 t，我们选择的范围是从−1 到 1，以 0.1 为步长进行增加，从而得到召回率、精确率、F-检验、总体准确率的变化曲线图。

图 5.4 展示了 NSL-KDD 数据集、乳腺癌诊断数据集、胎心监护数据集三个数据集的召回率，精确率，F-检验，总体准确率的变化情况。可以看出虽然不同数据集，具体指标变化曲线不同，但观察发现，随着阈值 t 的增大，召回率、精确率、F-检验、总体准确率都有一个汇聚的区域，而该区域中，这四个参数的值都在 90%以上。特别地，在乳腺癌诊断数据集中，汇聚区域几乎集中于一点，可见 LASSO 用于异常检测具有较高的检测精度和较好的参数收敛一致性，即LASSO方法在进行异常检测时，在某一判断阈值下，从检测指标上看都表现出了我们提出方法的优异性能。

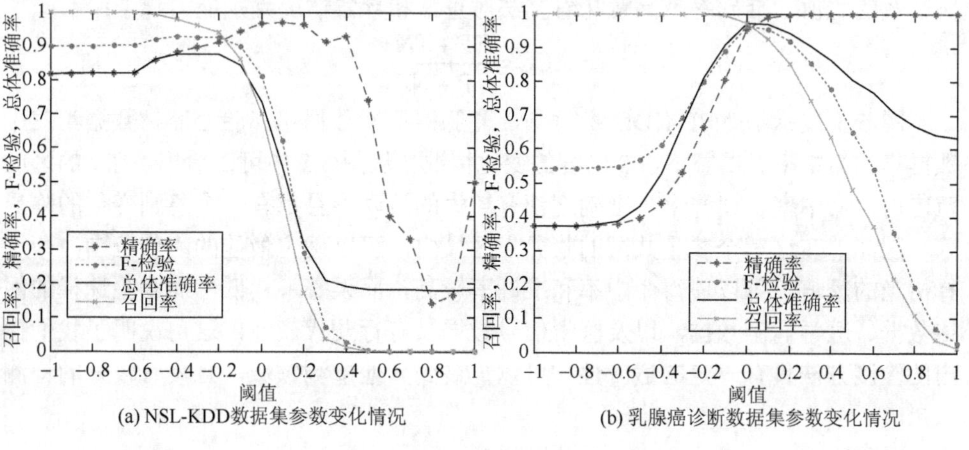

(a) NSL-KDD数据集参数变化情况　　(b) 乳腺癌诊断数据集参数变化情况

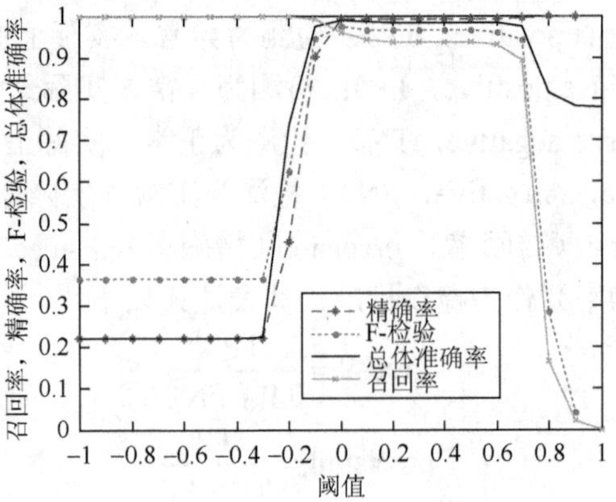

(c) 胎心监护数据集的参数变化情况

图 5.4　三种数据集下异常检测的变化曲线

对于异常检测而言，除了上面进行统计分析的评价指标之外，其在实际的检测环境中，命中率（真阳性率）、误警率（伪阳性率）、准确度是衡量其检测方法可用性的重要指标。

命中率（hit rate），又叫真阳性率（true positive rate，TPR），所有检测出为异常的实例中，正确检测为异常的比例，命中率越高则表示对异常事件的检测效果越好。

$$\mathrm{TPR}=\frac{\mathrm{TP}}{\mathrm{TP}+\mathrm{FN}}$$

误警率（false alarm rate），又叫错误命中率、假警率、伪阳性率（false positive rate，FPR），实际为正常但检测为异常的实例个数与所有错误检测实例的个数的比值。误警率越低表示算法错误判断异常事件的情况越少：

$$\mathrm{FPR}=\frac{\mathrm{FP}}{\mathrm{FP}+\mathrm{TN}}$$

准确度（accuracy，ACC）：所有正确检测出正常和异常的实例个数与总的实例个数的比值。准确率越高意味着算法对正常和异常情况判别能力越强：

$$\mathrm{ACC}=\frac{\mathrm{TP}+\mathrm{TN}}{\mathrm{P}+\mathrm{N}}$$

图 5.5 展示了 NSL-KDD 数据集、乳腺癌诊断数据集、胎心监护数据集三个数据集的命中率、误警率、准确度的变化情况。从图 5.5 中可以看出，在 t 的区间范围内，命中率、误警率、准确度都有较大的波动，且都有一个急剧变化的临界区，因此，在这三个参量共同的临界点区域内，可以确定最佳的阈值范围，即选择恰当的阈值，可以使得命中率和准确率较高，而误警率较低。而实验选择的网络数据、医学病例数据，以及医学信号数据具有行业代表性，这也说明了我们提出的检测方法具有一定的适应性，可以扩展到其他检测领域，且具有较好的检测效果。

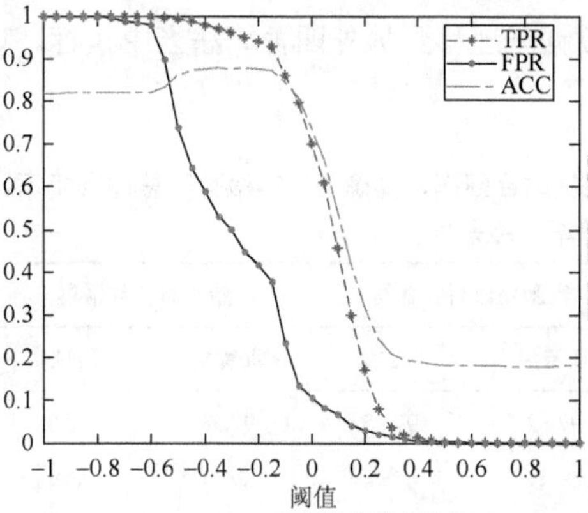

(a) NSL-KDD数据集参数变化情况

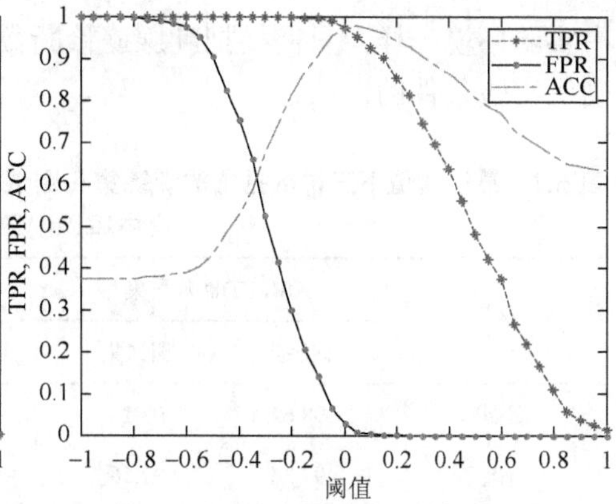

(b) 乳腺癌诊断数据集参数变化情况

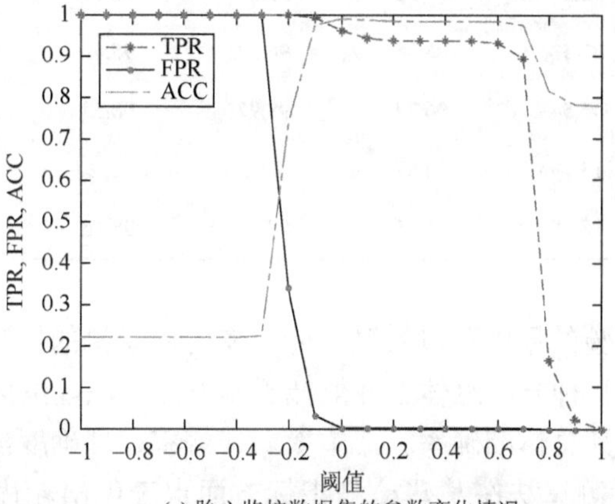

(c) 胎心监护数据集的参数变化情况

图 5.5　三种数据集下异常检测的命中率、误警率、准确度的变化曲线

表 5.1 给出了三种数据集在最佳阈值下，训练集和测试集的召回率、精确率、F-检验、总体准确率、命中率、误警率、准确度的计算结果。从表中可以看出在基于 LASSO 的异常检测方法中，除了在 NSL-KDD 数据集下误警率较高外，所有训练和测试数据所表现出来的检测精度和准确度都较高。对应于图 5.5 的曲线来看，不同的数据集在 LASSO 下的最好的检测效果，其最佳阈值是不同的。因此训练阶段需要确定最佳阈值，当然这会增加一部分计算开销，但对测试阶段而言无需考虑这个问题，同时一旦阈值确定，就能确保检测的精度。

为了对基于 LASSO 的异常检测方法的性能有一个完整的认识，实验进一步对比了 k-近邻算法、C4.5 决策树算法、朴素贝叶斯分类算法、支持向量机在乳腺癌诊断数据集上的检测结果。在模式识别领域，这四种方法通常利用分类的方式，划分出正常和异常行为。实验中，我们保证 LASSO 异常检测的实施环境与表 5.1

中实验环境一样，只需要把乳腺癌诊断数据集迁移到另外四种算法当中执行，以确保实验条件的一致性。

表 5.1 最佳阈值下三种数据集的训练集和测试集的召回率、精确率、F-检验、总体准确率、命中率、误警率、准确度

参数	NSL-KDD 数据集		乳腺癌诊断数据集		胎心监护数据集	
	训练集	测试集	训练集	测试集	训练集	测试集
召回率	98.62	93.15	97.32	97.15	97.58	97.02
精确率	97.36	92.56	96.38	95.86	98.03	96.34
F-检验	98.52	93.28	96.87	96.57	97.56	97.34
总体准确率	87.58	86.35	96.32	95.49	96.57	96.23
命中率	96.54	96.32	98.97	98.53	98.17	98.38
误警率	13.78	14.87	2.54	3.22	2.73	3.04
准确度	88.56	87.35	97.89	98.16	99.07	98.86

从表 5.2 的实验结果中可以看到，除了支持向量机的检测性能与我们提出的方法相当外，其他几种方法总体上性能低于本书的方法。虽然 k-近邻算法在召回率上效果较好，但其总体准确率、命中率、误警率、准确度都和本书方法有一定差距。当然其他检测算法在某些检测指标方面也表现出较优的性能，但是基于 LASSO 的异常检测方法，由于直接进行参数回归，估计检测模型系数，因此其训练时间低于其他几种方法，且检测方式简单，对大量的数据集可以直接进行矩阵运算，即快速得到检测结果。

表 5.2 四种方法在乳腺癌诊断数据集上的召回率、精确率、F-检验、总体准确率、命中率、误警率、准确度

参数	k-近邻算法		C.45 决策树算法		朴素贝叶斯分类算法		支持向量机	
	训练集	测试集	训练集	测试集	训练集	测试集	训练集	测试集
召回率	98.32	97.51	96.32	95.24	96.37	95.48	97.51	97.31
精确率	95.77	95.20	97.02	95.22	95.22	94.53	96.14	96.08
F-检验	95.41	93.23	91.57	91.34	92.18	90.75	95.87	95.72
总体准确率	90.57	93.79	96.89	96.35	97.17	97.04	96.23	94.82
命中率	94.26	93.87	98.13	97.24	93.49	93.25	97.25	97.16
误警率	3.51	4.17	3.03	3.46	2.88	3.04	2.27	3.15
准确度	96.19	94.33	97.17	97.02	97.28	97.15	97.41	96.83

5.6　本 章 小 结

Tibshir 最早提出 LASSO 是作为参数模型的一种变量选择方法，模型系数的绝对值函数作为惩罚项来压缩模型系数，使绝对值较小的系数自动压缩为零，从而同时实现显著性变量的选择和对应参数的估计。本书把参数模型的参数估计方法用于对异常检测模型的属性变量系数估计，其关键的意义还在于基于 LASSO 的参数估计具有稳定的回归系数，同时可以压缩模型参数，缩小参数数量。而异常检测正是需要稳定、快速、简洁的模型建立方法和准确的检测能力。本书提出的基于 LASSO 的异常检测正是结合了 LASSO 快速的参数估计和准确的回归拟合这样优良的特性，才使得我们的方法在实验中表现出较好的性能。由于 LASSO 本质上是一种回归方法，其用于异常检测的效果很大程度上受执行线性回归的算法和训练集影响。因此后期研究中需要进一步提升回归算法在训练集上进行模型建立时，参数生成的速度和精度。

第 6 章　基于压缩感知的入侵检测方法

随着网络技术的快速发展，各种基于互联网的技术广泛地应用于各个行业，带来生产力的极大提高。人们在享受网络带来的便利高效的同时，各种潜在的威胁危害着网络通信的安全。由于网络设计之初，主要关注数据传输的高效和通信的便捷，对网络协议的安全性考虑得比较少，很多网络协议都缺乏安全的通信机制，因此基于这些网络协议的互联网络自然存在大量的安全漏洞。虽然随着电子商务、电子政务这些对安全性要求颇高的业务的开展，也出现各种基于网络的安全通信协议，但这些协议都是基于 TCP/IP 架构的，而这种架构从基础的通信层次来看是一种不安全的开放体系。而且现有的攻击手段和技术也随着安全技术的提升而不断地发展，因此在无法避免各种网络威胁的情况下，及时正确地检测出安全威胁并采取恰当的处理方式以减少网络攻击造成的损失是目前从事网络安全研究的一个热点。

压缩感知理论的数据获取和处理方式为入侵检测技术带来了巨大的性能提升。海量的数据处理正是目前网络软硬件设备性能的瓶颈，若能在数据获取阶段降低数据的维度，直接获取网络数据的特征信息，那势必给处理检测阶段的效率带来极大的提高。基于压缩感知的入侵检测技术利用了压缩感知的压缩采样技术，获取与网络行为特征相关的少量数据，建立入侵检测模型，从而实现对入侵行为的快速判断。

6.1　入侵检测基本原理

入侵检测（intrusion detection），顾名思义，就是对入侵行为的发现。通过对计算机网络或计算机系统中若干关键点收集信息并对其进行分析，从中发现网络或系统中是否有违反安全策略的行为和被攻击的迹象。从 1980 年 Anderson 在 *Computer Security Threat Monitoring and Surveillance* 的技术报告中首次提出了入侵检测的基本概念到现在，入侵检测经历了行为规则匹配、可靠性检测和机器学习检测方法三个阶段。采用机器学习的方法研究入侵检测，使检测系统具有自适应性、学习性、抗毁性，这是目前对抗网络中各种已知和未知攻击方式的有效手段[137]。采用机器学习的方法研究入侵检测的通常做法是提取入侵数据或正常访问数据的特征，构建特征数据库，进行模式匹配，进而完成入侵检测。机器学习的常用方法有统计学习方法、规则归纳、决策树、范例推理、贝叶斯网络、神经计算、隐马尔可夫模型、遗传算法等[138]。把机器学习方法应用于入侵检测，是把入侵检测看作是一个模式识别问题，即根据网络流量特征和主机审计记录等区分系统的正常行为和异常行为[139, 140]。

目前，根据入侵检测的分析方法和检测原理，入侵检测技术主要分成两大类型[141]。

（1）异常检测（anomaly detection）：采用了一种统计分析的方法。通过分析正常访问操作，提取其应该具有的数据特征，然后对这些特征进行量化。检测方式通常为：当未知访问行为与已知正常行为的特征之间存在有较大偏离时，则认定该访问行为是入侵行为。该检测方式主要通过预先定义各种行为参数及其阈值的集合来描述正常访问，凡是偏离阈值范围的访问行为归为入侵行为。异常检测对未知的入侵能有效地检测。同时，系统能根据用户行为习惯的改变对应地进行自我调整和优化，但随着检测模型的逐步精确，异常检测会消耗更多的系统资源。其特点在于漏报率低，误报率高。

（2）误用检测（misuse detection）：主要是通过收集异常操作的行为特征，生成异常行为特征库。当待检测的用户行为与特征库中记录相匹配时，系统判定为入侵行为。误用检测方法由于采用了模式匹配技术，其误报率低于异常检测方法，但随之而来的是漏报率增加。而且由于目前不断涌现各种类型的攻击方式，想要收集所有非正常访问特征比较困难，对于那些新的攻击方式，误用检测效果不明显。

入侵检测技术根据被保护的对象可以划分为基于主机的（host-based）入侵检测和基于网络的（network-based）入侵检测[142]。

（1）基于主机的入侵检测。入侵检测系统从单个主机上提取系统数据（如日志记录）作为入侵分析的源数据。其数据来源于系统运行所在的主机，保护范围也限于系统运行所在的主机。基于主机的入侵检测特点是集中度高，方便用户自定义，对系统保护更加全面，而且对网络流量不敏感。

（2）基于网络的入侵检测。该入侵检测系统从网络上提取数据（如网络层的 IP 数据包）作为入侵分析的源数据。其需要检测的数据是网络传输的数据包，是针对整个网络的运行状态的保护。其特点在于具有较快的侦测速度，系统隐藏性好，保护范围较宽，使用监测器少，占用资源少。

图 6.1 展示了构建安全网络环境的入侵检测系统结构图。该系统包含基于主机的入侵检测和基于网络的入侵检测。基于主机的入侵检测系统主要运行在网络内部，负责子网内主机的安全。而基于网络的入侵检测系统运行在核心交换机和路由器上，或者在单独的防火墙上构建，通过控制中心对整个网络的安全情况和访问行为进行监控，从而确保整个网络的安全。

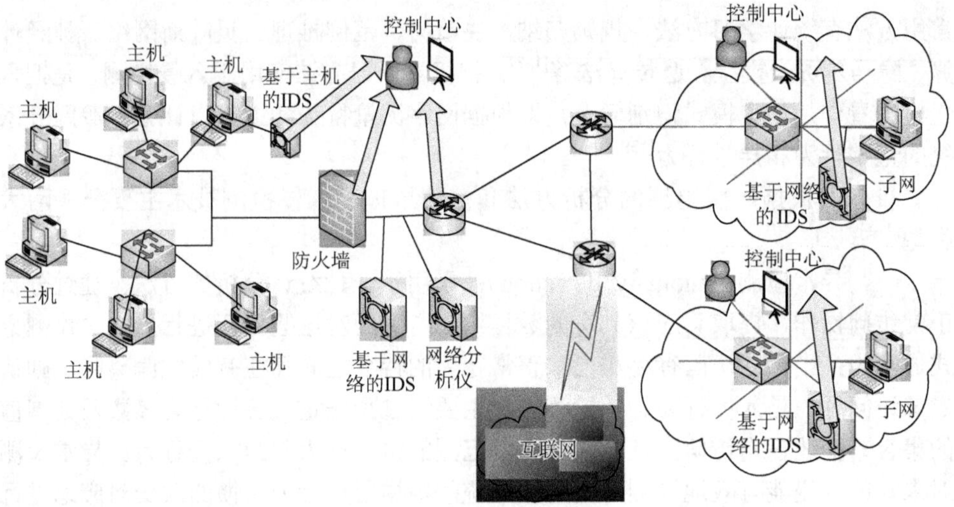

图 6.1　入侵检测系统的网络结构图

目前，入侵检测必须面对大量的数据处理，特别是基于网络的入侵检测技术不得不对进出该网络的所有数据进行检测。海量的数据处理需求是进行网络入侵检测的软硬件设备的性能瓶颈，若能在数据获取阶段降低数据的维度，直接获取网络数据的特征信息，则可以大大提高检测阶段的效率。压缩感知理论的数据获取和处理方式为入侵检测技术带来了一种新的检测方法。

6.2　基于压缩感知的入侵检测模型

在入侵检测中引入压缩感知技术，通过对访问数据的压缩采样，获取正常和异常行为的特征数据。这种数据处理方式避开了大量的数据处理，直接获取特征数据，这对于网络入侵检测的高维数据处理来说，大大节省了处理时间，为实时的入侵检测提供了重要的技术手段。同时利用压缩的数据特征，去匹配正常和异常的行为库，其行为判别的效率将大大提高。更具有优势的是，对于那些由误差操作引起的少量异常行为，传统的入侵检测方法要么漏检，要么认定为入侵行为，进而限制与此相关的正常访问。压缩感知方法中，通过对压缩采样数据的滤除恢复，可以把这些少量的错误过滤掉，而不会影响整个数据流的访问行为。本节利用压缩感知建立入侵检测模型，主要思路是通过压缩采样获取已标记为正常或入侵行为的特征，通过分类器建立正常或异常的特征库，然后测试数据集去匹配这些特征库。

基于压缩感知的入侵检测方法主要是把已标记的训练数据集进行压缩采样，得到压缩的特征数据，然后输入到分类器中进行训练，得到分类模型。在检测阶段，对未标记的数据集进行压缩采样，再利用建好的分类模型对数据进行分类，得到正常或异常的访问行为。整个基本流程与目前大多数采用模式识别方法的入侵检测模型类似，不同点在于基于压缩感知的入侵检测方法对大量的访问数据进行压缩采样。由于网络访问数据具有稀疏性的特点，根据压缩感知的基本理论，这种压缩采样是可完全恢复的，即压缩采样后的数据理论上是不影响其分类结果的。但这种对网络数据获取阶段的压缩方式，大大减少了分类器训练和检测的时间，更有利于实时检测。

根据图 6.2 所示，基于压缩感知的入侵检测的步骤主要如下所示。

（1）对数据集的预处理。由于压缩感知理论是直接对向量数据进行采样，因此训练数据和测试数据应该以向量的形式表示。

（2）选择恰当的测量矩阵和稀疏基。测量矩阵和稀疏基既要满足 RIP 条件，同时用它们进行压缩采样后得到的数据又要能有效地表示原始数据。

（3）分类器的选择。恰当的分类器能利用压缩采样得到的低维数据完成分类训练，且对测试数据集具有较好的检测精度。

（4）对于检测出是正常的访问，则通过重构算法恢复到采样前的完整形式。

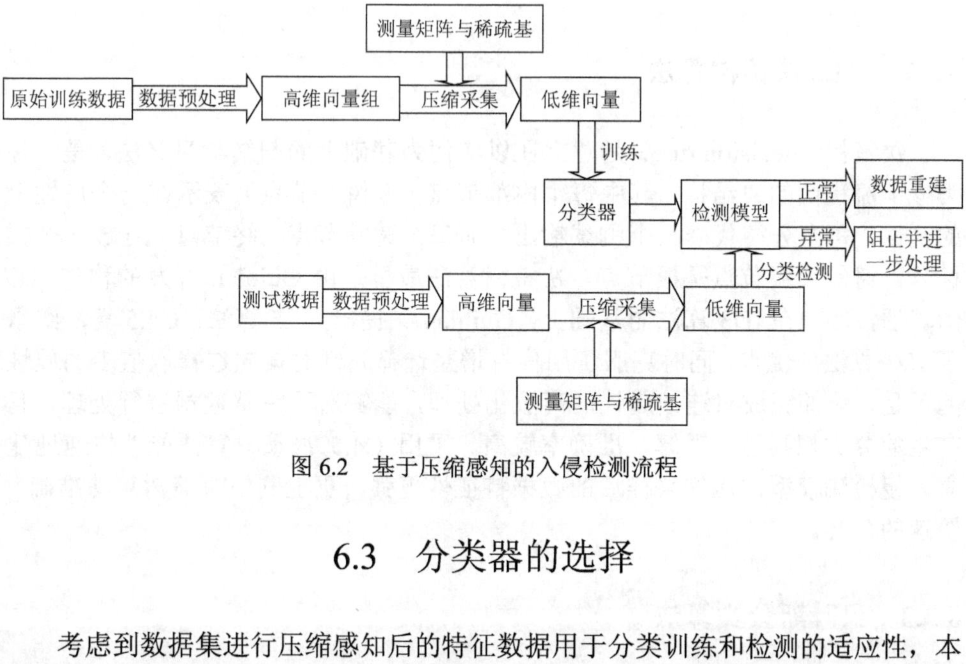

图 6.2　基于压缩感知的入侵检测流程

6.3　分类器的选择

考虑到数据集进行压缩感知后的特征数据用于分类训练和检测的适应性，本节采用了 k-近邻算法、决策树算法、贝叶斯分类算法、支持向量机来构建分类器，利用压缩感知的数据输入分类器进行训练。这里我们采用了 Stork 和 Tov 所开发的工具箱来完成分类器的训练。Stork 是斯坦福大学的统计学教授，主要从事模式分类和机器学习研究。Tov 是微软研究院的高级研究员，早年曾在雅虎和 IBM 的研究中心从事机器学习的研究。该工具箱包含各种监督和非监督的分类算法，这些算法通过方便的接口调用能实现数据的分类。

6.3.1 k-近邻算法

k-近邻（k-nearest neighbor，KNN）算法是一种基于实例的分类方法，其采用向量空间模型来分类。其根据为相同类型的样本，彼此的相似度高，而可以借由计算与已知类别样本的相似度，来评估未知类别样本可能的分类。该方法从未知样本 x 出发，搜索出距离 x 最近的 k 个训练集中的样本，然后根据这 k 个样本中哪一类型占多数，就把 x 归为那一类。KNN 分类方法是一种懒惰学习方法，且对于未知和非正态分布的数据可以取得较高的分类准确率，具有概念清晰、易于实现等诸多优点。KNN 算法通常用于文本分类、回归及预测。采用 KNN 算法构建分类器用于入侵检测，其实现方法是先对数据集进行预处理，构成用户行为和系统状态向量，然后提供给入侵检测引擎，由入侵检测引擎根据知识向量集利用 KNN 算法判断这些向量的属性，达到检测的目的。

6.3.2 C4.5 决策树算法

决策树（decision tree）是建立在以实例为基础上的归纳学习算法，是一种类似于流程图的树结构，其中每个内部节点（非树叶节点）表示在一个属性上的测试，每个分枝代表一个测试输出，而每个树叶节点（终节点）存放一个类标号，树的顶端节点是根节点。决策树算法最早是由 Quinlan 开发的称作 ID3 的算法，后来在 ID3 算法的基础上，Quinlan 又提出 C4.5 算法。C4.5 算法继承了 ID3 算法的优点，同时克服了用信息增益选择属性时偏向选择取值多的属性的不足，能够完成对连续属性的离散化处理，能够对不完整数据进行处理，且产生的分类规则易于理解，准确率较高。采用 C4.5 决策树算法能够快速地建立入侵检测模型，压缩采样后的数据特征性更强，更能利用决策树算法准确、快速的分类。

6.3.3 贝叶斯分类算法

贝叶斯（Bayes）分类算法是一类利用概率统计知识进行分类的算法。这类算法通过贝叶斯定理对一个类别未知的样本的所属类别进行预测，最终选择可能性最高的那一类别作为未知样本的所属类别。贝叶斯定理是将事件的先验概率与后验概率关联起来，其中随机向量 $\boldsymbol{x}$，$\boldsymbol{y}$ 的联合分布密度 $p(\boldsymbol{x}, \boldsymbol{y})$，它们的边缘密度为 $p(\boldsymbol{x})p(\boldsymbol{y})$。通常设 $\boldsymbol{x}$ 是观测向量，$\boldsymbol{y}$ 是未知参数向量，通过贝叶斯定理，可以由观测向量得出未知参数向量的估计值。本节采用了朴素贝叶斯分类算法作为入侵检测的分类器。朴素贝叶斯分类器是一种有监督的学习方法，其假定一个属性的值对给定类的影响独立于其他属性值，此限制条件较强，现实中往往不能满足，但是朴素贝叶斯分类器取得了较大的成功，表现出高精度和高效率，具有最小的误分类率、开销小的特征。利用朴素贝叶斯分类算法进行入侵检测正是用系统或网络中的各种与判断攻击行为相关的特征作为观测向量，进而去推断系统是否遭到入侵。

6.3.4　支持向量机

支持向量机（support vector machine，SVM）是 Vapnik 根据统计学习理论提出的一种新的学习方法[42]，它的最大特点是根据结构风险最小化准则，以最大化分类间隔构造最优分类超平面来提高学习机的泛化能力，较好地解决了非线性、高维数、局部极小点等问题。对于分类问题，支持向量机算法根据区域中的样本计算该区域的决策曲面，由此确定该区域中未知样本的类别。

利用支持向量机进行入侵检测，实际上就是用标记为正常或异常的网络访问数据作为训练集，学习一个分类函数或构造一个分类模型，即我们通常所说的分类器（classifier）。该函数或模型能够把未知的访问记录映射到给定类别中的某一个，从而实现对正常或异常访问的预测。构造分类器的过程一般分为训练和测试两个阶段。在训练阶段，分析训练数据集中数据记录的特征属性，为每种类型标识生成精确的分类规则。在测试阶段，利用分类规则进行精度测试，然后用于对实际数据集中的数据记录进行分类。

6.4　实验及分析

6.4.1　数据描述

1998 年美国国防部高级规划署（Defense Advanced Research Projects Agency，DARPA）在麻省理工学院林肯实验室进行了一项入侵检测评估项目。林肯实验室建立了模拟美国空军局域网的一个网络环境，收集了 9 周时间的 TCPdump 网络连接和系统审计数据，仿真各种用户类型、各种不同的网络流量和攻击手段，使它就像一个真实的网络环境。这些 TCPdump 采集的原始数据被分为两个部分：7 周时间的训练数据，大概包含 500 万多个网络连接记录；剩下 2 周时间的测试数据大概包含 200 万个网络连接记录。

该数据集共包含了 4 大类网络攻击：①DoS（denial-of-service）：企图非法中断或干扰主机或网络的正常运行；②R2L（remote to local）：来自远程主机的未授权访问；③U2R（user to root）：本地非授权用户非法获取本地超级用户或管理员的特权；④Surveillance or Probe：非法扫描主机或网络，寻找漏洞、搜索系统配置或网络拓扑。

随后来自哥伦比亚大学的 Stolfo 教授和来自北卡罗来纳州立大学的 Lee 教授采用数据挖掘等技术对以上的数据集进行特征分析和数据预处理。Lee 等在处理原始链接数据时将部分重复数据去除，例如，进行 DoS 攻击时产生大量相同的链接记录，就只取攻击过程中 5 分钟以内的链接记录作为该攻击类型的数据集。同时，也会随机抽取正常（normal）数据链接作为正常数据集，形成了一个新的数据集。该数据集在 1999 年举行的 KDD CUP 竞赛中，成为著名的 KDD99 数据集。KDD99 数据集总共由 500 万条记录构成，它还提供一个 10%的训练子集和测试子集，它的样本类别分布表如表 6.1 所示。

表 6.1　KDD99 10%数据集中的攻击行为及分布

类型	训练集		测试集	
	攻击行为	数量	攻击行为	数量
normal	normal	97278	normal	60593
Probe	ipsweep	1247	ipsweep	306
	mscan	—	mscan	1053
	nmap	231	nmap	84
	portsweep	1040	portsweep	354
	saint	—	saint	736
	satan	1589	satan	1633
	共计	4107		4166
DoS	apache2	—	apache2	794
	back	2203	back	1098
	land	21	land	9
	mailbomb	—	mailbomb	5000
	neptune	107201	neptune	58001
	pod	264	pod	87
	processtable	—	processtable	759
	smurf	280790	smurf	164091
	teardrop	979	teardrop	12
	udpstorm	—	udpstorm	2
	共计	391458		229853

续表

类型	训练集		测试集	
	攻击行为	数量	攻击行为	数量
U2R	buffer_overflow	30	buffer_overflow	22
	httptunnel	—	httptunnel	158
	loadmodule	9	loadmodule	2
	perl	3	perl	2
	ps	—	ps	16
	rootkit	10	rootkit	13
	sqlattack	—	sqlattack	2
	xterm	—	xterm	13
	共计	52		228
R2L	ftp_write	8	ftp_write	3
	guess_passwd	53	guess_passwd	4367
	imap	12	imap	1
	multihop	7	multihop	18
	named	—	named	17
	phf	4	phf	2
	sendmail	—	sendmail	17
	snmpgetattack	—	snmpgetattack	7741
	snmpguess	—	snmpguess	2406
	spy	2	spy	—
	warezclient	1020	warezclient	—
	warezmaster	20	warezmaster	1602
	worm	—	worm	2
	xlock	—	xlock	9
	xsnoop	—	xsnoop	4
	共计	1126		16189

KDD99 数据集采用文本格式存储，并使用相同的记录格式（未标注的测试数据集没有最后一项，即攻击类型）。每行表示一个记录，每条记录包含从一条链接中提取的包括 41 个特征（未包括最后标注的攻击类型）。如下显示了 4 条链接记录（每条链接记录表示相同源主机/端口和相同目的主机/端口的一次完整会话过程）的数据格式，记录的每个特征用逗号分隔。

0, tcp, http, SF, 212, 1940, 0, 0, 0, 0, 0, 1, 0, 0, 0, 0, 0, 0, 0, 0, 0, 0, 1, 2, 0, 0, 0, 0, 1, 0, 1, 1, 69, 1, 0, 1, 0.04, 0, 0, 0, 0, normal.

0, icmp, ecr_i, SF, 1032, 0, 0, 0, 0, 0, 0, 0, 0, 0, 0, 0, 0, 0, 0, 0, 0, 0, 511, 511, 0, 0,

0, 0, 1, 0, 0, 255, 255, 1, 0, 1, 0, 0, 0, 0, 0, smurf.

0, tcp, private, S0, 0, 0, 0, 0, 0, 0, 0, 0, 0, 0, 0, 0, 0, 0, 0, 0, 0, 0, 265, 10, 1, 1, 0, 0, 0.04, 0.06, 0, 255, 10, 0.04, 0.07, 0, 0, 1, 1, 0, 0, neptune.

0, icmp, ecr_i, SF, 1032, 0, 0, 0, 0, 0, 0, 0, 0, 0, 0, 0, 0, 0, 0, 0, 0, 0, 511, 511, 0, 0, 0, 0, 1, 0, 0, 255, 255, 1, 0, 1, 0, 0, 0, 0, 0, smurf.

6.4.2 数据归一化

压缩感知理论要求数据以向量的形式表示，因此，每个非数值属性必须转化为数值，这里可以简单地用数值直接替换类别属性。KDD99 数据集中的数据项有 41 维特征，其包含的数据类型分为连续型和离散型两大类。离散型数据类型又包含两种情况：一是如 protocol_type，service，flag 等特征，其值是字符型数据；另外像 land，logged_in，su_attempted，is_hot_login 等特征，其值是“0”和“1”这样的离散数据。对于第一类离散型数据，本书利用数值直接替换特征值，如对于 protocol_type 中的值 TCP 用 1 表示，UDP 用 2 表示，ICMP 用 3 表示。特别地对于 service，其取值高达 70 项，因此取值在 1～70。对于第二类离散数据，其表示结构比较简单，直接采用无需进行处理。

在进行数据集的数值化转换之后，另一个重要的步骤是数据尺度的约减。数据尺度约减可以避免较大值的属性，掩盖掉较小值的属性，同时也减少了数值计算的工作量。在本节实验中涉及的每个属性的取值，通过除以该属性最大值都被线性约减到[0, 1]。

进一步，为了消除特征量纲对实验结果的影响，连续型数据需要规范化。规范化采用下述公式，$S=\{s_{ij} \mid i=1,\cdots,N, j=1,\cdots,D\}$ 是输入数据，N 是样本数据的数目，而 D 是样本数据的特征位数，μ 是均值，σ 是样本的标准差。因此对样本数据归一化表达式为

$$S'_{ij}=\frac{S_{ij}-\mu}{\sigma}$$

式中，$\mu=\frac{1}{N}\sum_{i=1}^{N}S_{ij}$，$\sigma=\sqrt{\frac{1}{N}\sum_{i=1}^{N}(X_{ij}-\mu)^2}$。

6.4.3 实验结果分析

为了可以更加清晰、明了地观测实验结果，引入如下检测性能指标。

检测率（detection rate，DR）：测试集中已检测出的正确的攻击数据的个数与实际总的攻击数据个数的比值，即

$$DR=\frac{\text{the number of attacks detected}}{\text{the number of attacks}}\%$$

误报率（false positive rate，FPR）：测试集经算法检测后，被误认为是攻击数据的个数与检测出的攻击数据总数的比值，即

$$FPR=\frac{\text{the number of false positive}}{\text{false positive}+\text{true positive}}\%$$

本实验采用 KDD99 数据集中 10%的训练子集作为分类器的训练数据，用以标记的测试子集 corrected 作为测试数据。我们首先考虑不进行压缩采样下的分类器学习和检测，然后对训练数据和测试数据都进行压缩采样，输入分类器进行学习和检测。由于网络数据本身的特点，KDD99 数据集表现出稀疏性，因此这里无需对训练集和测试集进行稀疏变换，直接用采样矩阵进行压缩采样。实验采用了高斯随机矩阵、随机伯努利矩阵、局部阿达马矩阵、特普利茨矩阵、结构随机矩阵、Chirp 矩阵分别作为测量矩阵进行采样，获得压缩后的训练集和测试集。KDD99 数据集是以记录项形式表示数据（如 5.5.1 小节所示），因此感知矩阵是对每条记录的特征维度进行压缩，即使得整个数据集的列减少，这样的意义为在不损失网络数据的主要信息的前提下，用低维的特征数据去表示高维信息。实验需要分析不同测量矩阵压缩采样得到的数据进行训练后构建的分类模型在测试阶段的性能表现。整个实验步骤如下。

（1）从 KDD99 数据集 10%的训练子集中读取测试数据，由于压缩采样是对数值型数据进行处理，在这步需要把非数值型数据转化为数值型数据，但有一个属性除外，type（攻击类型）不能转化为数值型，否则无法判断攻击类型。但要保留 type 属性值与每个记录的对应关系。

（2）由于 KDD99 数据集收集的是一定长时间内的正常和攻击的数据，从整个数据样本来看，攻击数据是少量数据，因此规范化后的数据集是一个稀疏集，其形成的矩阵也是稀疏矩阵，无需进行稀疏化处理。

（3）直接用高斯随机矩阵、随机伯努利矩阵、局部阿达马矩阵、特普利茨矩阵、结构随机矩阵、Chirp 矩阵对训练集进行压缩采样。

（4）把得到的压缩数据分别输入 k-近邻算法，C4.5 决策树算法，朴素贝叶斯分类法构建的分类器中进行训练，形成训练模型。

（5）采用 KDD99 数据集中的 corrected 子集作为测试集。这里，对检测数据同样进行规范化的转换，把非数值型数据转化为数值型数据，进行压缩采样，用压缩后的数据输入到训练模型进行检测。

表 6.2～表 6.5 给出了不同采样矩阵在 30 次采样次数下，用 k-近邻算法、C4.5 决策树算法、朴素贝叶斯分类法、支持向量机作为分类器进行入侵检测的结果。

表 6.2　k-近邻算法作为分类器的检测结果

检测类型			normal	Probe	DoS	U2R	R2L
非压缩采样		检测率/%	99.38	98.67	99.42	93.53	98.53
		误报率/%	0.73	0.92	0.92	1.07	0.89
压缩采样	高斯随机矩阵	检测率/%	98.27	96.31	93.52	87.32	97.73
		误报率/%	0.8	1.05	1.34	2.53	0.92
	随机伯努利矩阵	检测率/%	98.59	97.42	98.74	85.51	97.92
		误报率/%	0.95	0.97	1.02	2.43	0.87
	局部阿达马测量矩阵	检测率/%	99.03	97.68	95.79	90.58	98.01
		误报率/%	0.84	0.94	1.12	1.23	0.97
	特普利茨测量矩阵	检测率/%	97.59	96.06	98.51	83.26	98.74
		误报率/%	1.07	1.21	0.93	2.27	0.93
	结构随机矩阵	检测率/%	98.57	96.89	97.87	90.56	97.81
		误报率/%	0.91	1.24	1.06	2.04	1.17
	Chirp 测量矩阵	检测率/%	97.35	98.21	96.39	86.04	97.51
		误报率/%	1.07	0.93	1.28	1.96	1.14

表 6.3　C4.5 决策树算法作为分类器的检测结果

检测类型			normal	Probe	DoS	U2R	R2L
非压缩采样		检测率/%	98.73	97.34	99.27	94.21	99.35
		误报率/%	0.87	1.03	0.92	1.08	0.92
压缩采样	高斯随机矩阵	检测率/%	98.23	96.42	97.08	90.37	97.64
		误报率/%	0.82	1.19	0.96	1.26	0.98
	随机伯努利矩阵	检测率/%	97.31	97.07	99.14	88.39	98.71
		误报率/%	1.13	1.21	1.07	1.86	0.92
	局部阿达马测量矩阵	检测率/%	98.12	96.94	98.71	90.84	97.75
		误报率/%	0.93	1.05	0.92	1.49	1.04
	特普利茨测量矩阵	检测率/%	97.86	96.93	98.49	89.15	98.73
		误报率/%	0.88	1.06	0.91	2.12	0.94
	结构随机矩阵	检测率/%	96.57	96.72	97.87	87.35	98.76
		误报率/%	1.15	1.23	0.97	2.34	0.96
	Chirp 测量矩阵	检测率/%	97.33	96.24	98.39	90.08	99.01
		误报率/%	1.08	1.33	1.15	1.13	0.94

表 6.4　朴素贝叶斯分类算法作为分类器的检测结果

检测类型			normal	Probe	DoS	U2R	R2L
非压缩采样		检测率/%	98.75	99.01	98.68	93.93	98.78
		误报率/%	0.82	0.93	1.07	1.31	0.96
压缩采样	高斯随机矩阵	检测率/%	98.26	97.38	98.14	88.02	98.15
		误报率/%	0.89	0.97	1.04	2.29	1.06
	随机伯努利矩阵	检测率/%	97.84	98.53	97.79	90.93	98.96
		误报率/%	0.93	0.95	1.01	1.17	0.98
	局部阿达马测量矩阵	检测率/%	98.02	98.41	97.85	85.27	98.38
		误报率/%	1.02	0.97	0.98	3.12	0.93
	特普利茨测量矩阵	检测率/%	97.32	98.79	98.03	90.78	97.39
		误报率/%	1.05	0.97	1.07	1.27	0.82
	结构随机矩阵	检测率/%	97.54	98.16	97.39	86.88	97.57
		误报率/%	0.99	0.95	1.09	2.01	0.99
	Chirp 测量矩阵	检测率/%	96.98	98.35	98.21	87.31	96.94
		误报率/%	1.13	0.97	0.92	1.94	1.18

表 6.5　支持向量机作为分类器的检测结果

检测类型			normal	Probe	DoS	U2R	R2L
非压缩采样		检测率/%	99.74	99.23	98.27	95.23	98.58
		误报率/%	0.86	0.94	0.93	0.97	0.95
压缩采样	高斯随机矩阵	检测率/%	99.08	98.47	98.12	90.33	98.37
		误报率/%	0.91	0.95	1.08	1.83	0.97
	随机伯努利矩阵	检测率/%	98.92	98.79	97.23	85.53	97.97
		误报率/%	0.96	0.97	1.09	3.14	0.93
	局部阿达马测量矩阵	检测率/%	99.31	98.92	98.03	89.11	98.05
		误报率/%	0.87	0.93	0.95	1.98	1.02
	特普利茨测量矩阵	检测率/%	98.32	97.89	97.92	90.87	98.29
		误报率/%	0.92	0.98	0.98	1.14	0.96
	结构随机矩阵	检测率/%	97.25	98.32	96.97	90.81	97.52
		误报率/%	1.14	0.95	1.16	1.23	1.09
	Chirp 测量矩阵	检测率/%	98.16	97.27	97.96	88.31	96.38
		误报率/%	0.93	1.04	1.03	2.15	1.17

表 6.2～表 6.5 展示了用压缩采样的方法进行入侵检测的结果和非压缩采样直接输入到分类器中进行训练和检测的结果。从表中可以看出，两种方式其结果比较接近。对于非压缩采样的传统方法而言，normal、Probe、DoS、U2R、R2L 这五种类型的检测率除 U2R 外都达到 98%以上，而压缩感知下采用不同采样矩阵，其检测率也在 98%左右，只是针对 U2R 攻击类型压缩采样方式其检测率较低，误报率也比较高。进一步分析发现传统的方法对于 U2R 攻击类型的检测率也不高，这与数据集本身 U2R 类型偏少，训练模型有偏差有关。实际压缩感知方法带来的并不是检测率的较大提高，而是通过减少数据维度、加快训练和检测的效率。表 6.6 展示了不同采样矩阵下，进行 30 次采样后，进行训练和检测的时间。

表 6.6　训练和检测的时间

检测方式 \ 分类器		k-近邻算法		C4.5 决策树算法		朴素贝叶斯分类算法		支持向量机	
		训练时间/s	检测时间/s	训练时间/s	检测时间/s	训练时间/s	检测时间/s	训练时间/s	检测时间/s
非压缩采样		1274	368	3223	589	1094	357	2036	297
压缩采样	高斯随机矩阵	783	218	1857	379	627	199	931	127
	随机伯努利矩阵	924	305	1546	352	705	218	1211	217
	局部阿达马测量矩阵	831	289	2051	328	732	226	931	177
	特普利茨测量矩阵	902	274	1783	419	828	195	1018	163
	结构随机矩阵	857	265	2311	425	683	208	947	186
	Chirp 测量矩阵	914	257	1903	388	746	233	1147	193

根据表 6.6 可以看出，采用了压缩采样的方式对 KDD99 数据集信息处理后，其用于训练和检查的时间大大缩短。特别地，我们可以发现采用高斯随机矩阵进行压缩采样后的数据，对于测试的四种分类器，在训练时间和检测时间上都有较大幅度的下降。

KDD99 数据集除攻击类型属性外包含了 41 维特征，采样矩阵对这 41 维特征进行压缩，压缩采样的程度也影响了检测精度。理论上压缩程度越高，模型训练和检测时间越短，但会影响检测的精度。在进一步的实验中，我们分析了压缩程度与检测精度的关系。为了便于表示，这里选取了 DoS 攻击的检测率进行分析。实验考虑六种采样矩阵分别在不同采样次数下（采样次数分为 10，15，20，…，40，由于 KDD99 数据维度是 41 维，当采样次数为 40 时，基本上属于无压缩采样）对 corrected 数据集中记录的检测率。

从图 6.3 至图 6.6 可以看出在采样次数较低的情况下，四种分类器对 DoS 的检测精度都不高。根据压缩感知理论，要想完美地表示数据，采样次数 M 必须满

足一定的关系即 $M \geqslant C \cdot k \cdot \lg N$，通常情况选取数据稀疏度的四倍作为采样次数。从图中可以看出在采样次数较小时，检测率是比较低的，在第 3 章对音频信号进行重建实验时，已经分析得出较低的采样次数势必导致重建精度的降低，因为采样次数过低，获取的数据无法表示完整数据的特征。同理，对于分类器而言，低采样率下得到的特征数据，无法有效地完成分类器的训练，降低了训练模型的准确性，很难达到较高的检测率。本实验只展示了 DoS 攻击的检测率情况，实际上对于其他攻击类型结果类似。随着采样次数的增加，检测率随之提高，当采样次数达到 30 左右时，检测率趋于稳定。这时对 KDD99 数据集的压缩采样得到的低维数据能有效地表示原来的高维数据，因此对 DoS 的检测率和非压缩采样的方式比较接近，而进一步提高采样次数，其检测率不会有太大变化。

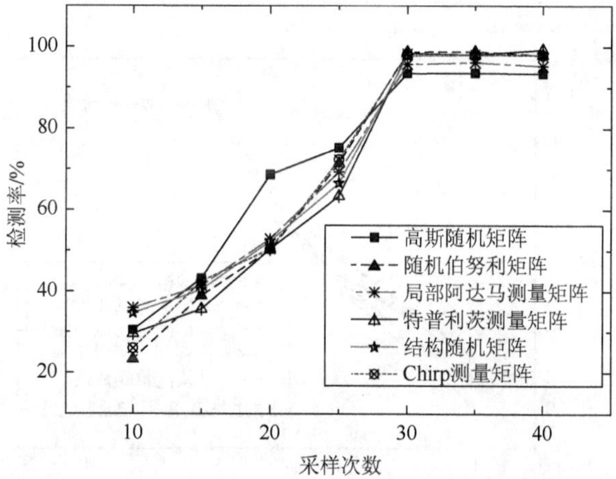

图 6.3　k-近邻算法作为分类器对 DoS 攻击的检测率

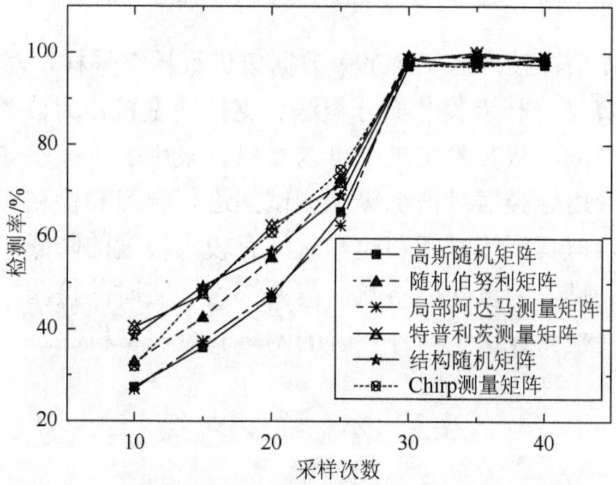

图 6.4　C4.5 决策树算法作为分类器对 DoS 攻击的检测率

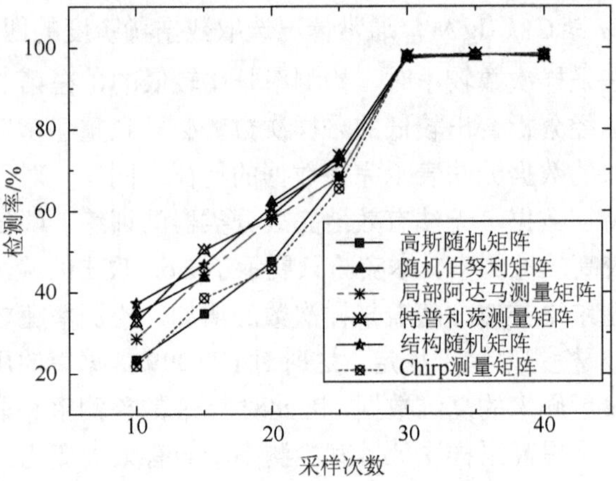

图 6.5　朴素贝叶斯作为分类器对 DoS 攻击的检测率

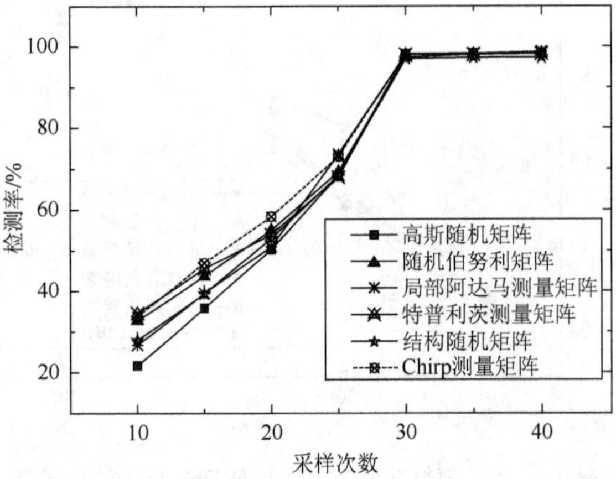

图 6.6　支持向量机作为分类器对 DoS 攻击的检测率

实验利用压缩采样技术对 KDD99 数据集进行压缩采样，然后利用 k-近邻算法、C4.5 决策树算法、朴素贝叶斯分类法、支持向量机作为分类器，完成入侵检测模型的训练和检测。从实验结果中可以看出，采用了压缩感知建立的入侵检测模型，相对于直接用分类器对训练集和测试集进行学习和检测而言，其检测率和误报率改变不大，但其训练时间和检测时间有较大幅度的降低，这正是对网络数据流进行检测的关键，大量的网络数据需要快速、实时的检测，因此可以看出基于压缩感知的入侵检测提供了一种实时的网络安全保护机制。

6.5　本 章 小 结

本章把压缩感知理论用于对网络数据的分析处理，实现了基于网络的入侵检测。该检测方法的关键在于通过对网络数据流的压缩采样，在保留网络数据正常或异常行为特征的同时，可以有效地降低数据处理的维度，且这种压缩采样是可逆的，即可以通过压缩的特征去还原原始的数据。压缩后的网络数据再利用分类器进行训练，得到入侵检测模型，整个训练过程的时间大大缩短。进一步，对检测的数据同样进行压缩采样，并把压缩特征数据输入训练模型进行检查，该检测过程的时间同样低于非压缩采样的方式，且保留了较高的检测精度。

第 7 章　总结与展望

7.1　总　　结

自 Donoho、Candes 和 Tao 提出压缩感知理论以来，其受到了世界范围内的广泛关注。该理论表明对于信息及数据的获取，可以只获取人们关注的最主要的特征信息部分，利用这些特征信息通过强力的数学理论确保近似完美地恢复出完整的信息。这一理论扩展了人们对信息获取的方式，改变了传统的数据采集—压缩（特征提取）—传输（处理）的模式，使得可以直接获取特征信息，极大地减少了对数据获取的代价。压缩感知理论开辟了数据获取的新方式，在信息理论、信号/图像处理、医学成像、模式识别、生物信息、光学/雷达成像、无线通信等诸多领域有着重要的理论研究和应用价值。特别是随着信息网络在现代社会中的日益广泛应用，网络安全问题已备受关注，我国已经把网络安全提高到国家战略高度，各种网络安全技术也是当前研究的热点。本书从压缩感知的理论出发，把压缩感知的数据处理、变换能力，引入到对网络数据的异常检测中，以实现对网络入侵的快速、准确检测和响应。

本书通过对压缩感知基本理论的分析和研究，从稀疏变换、测量矩阵以及重构算法这三个方面入手，研究了测量矩阵优化设计的原则，建立了基于参数设计的稀疏字典生成方式，提出了对噪声不敏感的重构算法，并给出了压缩感知在网络异常检测、乳腺癌诊断以及胎儿胎心检测方面的应用。本书研究的主要内容总结如下。

（1）对压缩感知基本概念和模型进行了介绍。对压缩感知理论的基础——稀疏性、相干性、约束等距条件的数学原理和在压缩感知中的作用进行了描述。对压缩感知的重构理论进行了分析，对基于范数优化的欠采样数据重构进行了探讨，并给出了主流的重构算法，还进一步研究了测量矩阵的构建方式。

（2）对压缩感知的稀疏化方式进行了研究。稀疏性或可压缩性是压缩感知的重要前提和理论基础，因此压缩感知理论首要的研究任务就是数据的稀疏表示。本书通过对传统的稀疏表示方法的分析，提出了参数设计字典的稀疏表示方式。参数设计字典的生成是通过对生成字典函数的参数进行优化选择，生成自适应的稀疏表示方式。对音频信号的实验测试表明参数设计字典作为稀疏基在噪声干扰下进行压缩采样，并进行重构，其重构精度好于传统的稀疏表示方式。

（3）对于噪声环境下的压缩感知的重构问题，提出了一种基于 CGLS 和 LSQR 的联合优化的匹配追踪算法。该算法以匹配追踪算法为基础，通过 CGLS 算法和 LSQR 算法交替产生两组解序列去逼近重构问题的最小二乘解，直到满足收敛条件。实验证明在噪声环境下这种联合优化的匹配追踪算法对低噪声具有较好的重构效果。

（4）把 LASSO 参数模型的参数估计方法用于对异常检测模型的属性变量系数估计，利用 LASSO 的参数估计具有稳定的回归系数，同时可以压缩模型参数，缩小参数数量的特性，实现稳定、快速、准确的检测，并针对乳腺癌临床病例数据、胎儿胎心监护数据进行了潜在疾病的检测。

（5）压缩感知由于具有利用欠采样数据表示完整数据信息的特性，并且能够实现完美恢复，这对于海量的网络数据而言是一个很好的数据约减方式。本书提出了基于压缩感知的入侵检测方法，利用压缩感知概念中的测量矩阵作为对网络数据的数据采样器实现数据的特征压缩，然后用压缩的数据输入分类器进行训练构建入侵检测模型。该方法可以在不降低检测精度的情况下，大大减少入侵检测模型构建的时间和对异常进程的检测时间。

7.2 研究展望

本书主要对压缩感知的稀疏化、重构理论以及在网络安全方面的应用做了一些研究和探索，目前取得一些研究成果。但对于整个压缩感知理论框架，本书提出的方法和理论创新只是一个较小的方面。根据本书研究的内容和结果，作者认为后续研究可以从以下几个方面展开。

（1）重构算法的健壮性与测量矩阵的构建有关，即一个对数据特征表示性强的测量矩阵用于压缩采样后，在进行重构阶段中，重构算法能确保其较高的恢复精度。因此研究适应重构算法的最优的确定性测量矩阵是一个重要的方向。

（2）在噪声环境下的压缩采样与恢复仍是研究的难点。由于欠采样数据本身对噪声扰动比较敏感，重构效果不稳定，因此需要建立抗噪的压缩感知理论，进一步确保在实际应用的环境中，压缩采样的方式能有稳定的性能。

（3）本书在压缩感知的稀疏化方面提出一种参数设计字典的方式来构建稀疏基。该参数字典是通过数据本身的结构来生成，因此对于不同类型的数据在稀疏处理过程中，需要重新输入参数进行计算，且随着数据量的增加，计算复杂度提高。后续研究需要降低计算代价，适应大数据量的稀疏处理，加快稀疏化进程。

（4）压缩感知用于入侵检测能有效加快检测的速度，但又必须面对一个比较棘手的问题，即对压缩采样后的数据如果检测出是异常访问，一般可以采取直接摒弃的策略，而对于正常的数据则需要进行恢复。而目前重构算法适用于离线处理，对于实时性要求较高的网络数据，其重构速度还无法和目前网络设备的转发速度相提并论，因此我们需要解决基于网络数据的快速重构问题。

参考文献

[1] Mukherjee B，Heberlein L T，Levitt K N. Network intrusion detection. IEEE Network，1994，8（3）：26-41.

[2] Center C C. CERT/CC statistics for 1988 through 2000. http://www. cert.org/stats/cert-stats [2000-01-01].

[3] Amoroso E G. Intrusion detection，an introduction to internet surveillance，correlation，traps，trackBack，and response. http://www.intrusion.net[1999-03-05].

[4] Kumar S，Spafford E. A pattern matching model for misuse intrusion detection. Computers and Security，1970（1）：28.

[5] Goldberg I，Wagner D，Thomas R，et al. A secure environment for untrusted helper applications（confining the wily hacker）. Proceedings of Usenix Security Symposium，2001，6：1.

[6] Cianflone K，Sniderman A M. Nextgeneration intrusion-detection expert system（NIDES）. Seminars in Cell and Developmental Biology，1999，10（1）：31-41.

[7] Hochberg J，Jackson K，Stallings C，et al. NADIR：An automated system for detecting network intrusion and misuse. Computers and Security，1993，12（3）：235-248.

[8] Ptacek T H，Newsham T N，Simpson H J. Insertion，evasion，and denial of service：Eluding network intrusion detection. Insertion Evasion and Denial of Service Eluding Network Intrusion Detection，1999.

[9] Porras P A，Neumann P G. Event monitoring enabling responses to anomalous live disturbances. National Information Security Systems Conference，1997.

[10] Balasubramaniyan J S，Garcia-Fernandez J O，Isacoff D，et al. An architecture for intrusion detection using autonomous agents. Computer Security Application Conference，1988.

[11] Helmer G，Wong J S K，Honavar V，et al. Automated discovery of concise predictive rules for intrusion detection. Journal of Systems and Software，2002，60（3）：165-175.

[12] Lee W，Stolfo S J. Data mining approaches for intrusion detection. Conference on Usenix Security Symposium，1998：291-300.

[13] Staniford-Chen S，Cheung S，Crawford R，et al. GrIDS-A graph based intrusion detection system for large networks. Proceedings of the 19th National Information Systems Security Conference，1996.

[14] Kumar S，Spafford E. A pattern matching model for misuse intrusion detection. Proceedings of the 17th National Computer Security Conference，1994.

[15] Mcgibney J，Schmidt N，Patel A. A service-centric model for intrusion detection in next-generation networks. Computer Standards and Interfaces，2005，27（5）：513-520.

[16] Frank Y，Shyhtsun J，Wu F，et al. Architecture design of a scalable intrusion detection system

for the emerging network infrastructure. http://shang.csc.ncsu.edu/papers/jinaoArch.ps.gz [2013-07-01].

[17] BroP V. A system for detecting network intruders in real-time. Proceedings of the 7th Usenix Security Symposium，1998.

[18] Porras P. Directions in network-based security monitoring. IEEE Security and Privacy Magazine，2009，7（1）：82-85.

[19] Logan F B. Properties of High-pass Signals. Columbia：Columbia University，1965.

[20] Santosa F，Symes W W. Linear inversion of band-limited reflection seismograms. Siam Journal on Scientific and Statistical Computing，1986，7（4）：1307-1330.

[21] Donoho D L，Stark P B. Uncertainty principles and signal recovery. Siam Journal on Mathematical Analysis，1989，49（3）：906-931.

[22] Candes E J，Romberg J，Tao T. Robust uncertainty principles：Exact signal reconstruction from highly incomplete frequency information. IEEE Transactions on Information Theory，2006，52（2）：489-509.

[23] Donoho D L. Compressed sensing. IEEE Transactions on Information Theory，2006，52（4）：1289-1306.

[24] Candes E J，Tao T. Near-optimal signal recovery from random projections：Universal encoding strategies? IEEE Transactions on Information Theory，2007，52（12）：5406-5425.

[25] Candes E J，Romberg J K，Tao T. Stable signal recovery from incomplete and inaccurate measurements. Communications on Pure and Applied Mathematics，2005，59（8）：410-412.

[26] Candes E，Tao T. The dantzig selector：Statistical estimation when p is much larger than n. Annals of Statistics，2008，35（6）：1300-1308.

[27] Rao B D，Kreutz-Delgado K. An affine scaling methodology for best basis selection. IEEE Transactions on Signal Processing，1999，47（1）：187-200.

[28] Candes E，Romberg J. Sparsity and incoherence in compressive sampling. Inverse Problems，2006，23（3）：969-985.

[29] Duarte M F，Davenport M A，Takbar D，et al. Single-pixel imaging via compressive sampling. IEEE Signal Processing Magazine，2008，25（2）：83-91.

[30] Candes E J，Wakin M B. An introduction to compressive sampling. IEEE Signal Processing Magazine，2008，25（2）：21-30.

[31] Baraniuk R G. Compressive sensing. IEEE Signal Processing Magazine，2007，24（4）：118-121.

[32] Olshausen B A，Field D J. Emergence of simple-cell receptive field properties by learning a sparse code for natural images. Nature，1996，381（6583）：607-609.

[33] 潘榕，刘昱，侯正信，等. 基于局部 DCT 系数的图像压缩感知编码与重构. 自动化学报，2011，37（6）：674-681.

[34] 杜卓明，耿国华，贺毅岳. 一种基于压缩感知的二维几何信号压缩方法. 自动化学报，2012，38（11）：1841-1846.

[35] 蒋业文，于昕梅. 基于 DWT 的多尺度分块变采样率压缩感知图像重构算法. 中山大学学报（自然科学版），2013，52（3）：30-33.

[36] Emmanuel J C，Donoho D L. Curvelets-a surprisingly effective nonadaptive representation for

objects with edges. Astronomy and Astrophysics，2000，283（3）：1051-1057.

[37] Liang X，Shao W Z，Sun Y B，et al. Sparse representations of images by a multi-component Gabor perception dictionary. Acta Automatica Sinica，2008，34（11）：1379-1387.

[38] Aharon M，Elad M，Bruckstein A. K-SVD：An algorithm for designing overcomplete dictionaries for sparse representation. IEEE Transactions on Signal Processing，2006，54（11）：4311-4322.

[39] Kondo S. Compressed sensing and redundant dictionaries. IEEE Transactions on Information Theory，2010，54（5）：2210-2219.

[40] Tropp J A，Gilbert A C. Signal recovery from random measurements via orthogonal matching pursuit. IEEE Transactions on Information Theory，2007，53（12）：4655-4666.

[41] 张宗念，黄仁泰，闫敬文. 压缩感知信号盲稀疏度重构算法. 电子学报，2011，39（1）：18-22.

[42] Gan L. Block compressed sensing of natural images. 15th International Conference on Digital Signal Processing，2007：403-406.

[43] Blumensath T，Davies M E. Iterative thresholding for sparse approximations. Journal of Fourier Analysis and Applications，2008，14（5）：629-654.

[44] Devore R A，Temlyakov V N. Nonlinear approximation in finite-dimensional spaces. Journal of Complexity，1997，13（4）：489-508.

[45] Rane S D，Sapiro G. Evaluation of JPEG-LS，the new lossless and controlled-lossy still image compression standard，for compression of high-resolution elevation data. IEEE Transactions on Geoscience and Remote Sensing，2001，39（10）：2298-2306.

[46] Taubman D S，Marcellin M W，Taubman D S，et al. JPEG 2000：Image compression fundamentals. Journal of Changchun Institute of Technology，2004，4（4）：157-159.

[47] Tropp J A. Greed is good：Algorithmic results for sparse approximation. IEEE Transactions on Information Theory，2004，50（10）：2231-2242.

[48] Hastie T，Tibshirani R，Friedman J. The Elements of Statistical Learning. New York：Springer，2001.

[49] Gilbert A，Indyk P. Sparse recovery using sparse matrices. Proceedings of the IEEE，2008，98（6）：937-947.

[50] Candes E J，Eldar Y C，Needell D，et al. Compressed sensing with coherent and redundant dictionaries. Applied and Computational Harmonic Analysis，2010，31（1）：59-73.

[51] Cai T T，Wang L，Xu G. Stable recovery of sparse signals and an oracle inequality. IEEE Transactions on Information Theory，2010，56（7）：3516-3522.

[52] Candes E J，Plan Y. A probabilistic and RIP less theory of compressed sensing. IEEE Transactions on Information Theory，2011，57（11）：7235-7254.

[53] Donoho D L，Huo X. Uncertainty principles and ideal atomic decomposition. IEEE Transactions on Information Theory，2001，47（7）：2845-2862.

[54] Zhang Y. Theory of compressive sensing via ℓ，1-minimization：A non-RIP analysis and extensions. Journal of the Operations Research Society of China，2013，1（1）：79-105.

[55] D'Aspremont A，Bach F，Ghaoui L E. Optimal solutions for sparse principal component analysis. Journal of Machine Learning Research，2007，9（100）：1269-1294.

[56] D'Aspremont A，Ghaoui L E. Testing the nullspace property using semidefinite programming. Mathematical Programming，2010，127（1）：123-144.
[57] Juditsky A，Nemirovski A. On verifiable sufficient conditions for sparse signal recovery via ℓ，1，minimization. Mathematical Programming，2011，127（1）：57-88.
[58] Candes E J，Tao T. Decoding by linear programming. IEEE Transactions on Information Theory，2005，51（12）：4203-4215.
[59] Baraniuk R D，Davenport M，Devore R，et al. A simple proof of the restricted isometry property for random matrices. Constructive Approximation，2015，28（28）：253-263.
[60] Haupt J，Bajwa W U，Raz G，et al. Toeplitz compressed sensing matrices with applications to sparse channel estimation. IEEE Transactions on Information Theory，2010，56（11）：5862-5875.
[61] Rudelson M，Vershynin R. On sparse reconstruction from Fourier and Gaussian measurements. Communications on Pure and Applied Mathematics，2008，61（8）：1025-1045.
[62] Rauhut H. Compressive sensing and structured random matrices. Radon Series on Computational and Applied Mathematics，2011，9：1-94.
[63] Applebaum L，Howard S D，Searle S，et al. Chirp sensing codes：Deterministic compressed sensing measurements for fast recovery. Applied and Computational Harmonic Analysis，2009，26（2）：283-290.
[64] 杨海蓉，张成，丁大为，等. 压缩传感理论与重构算法. 电子学报，2011，39（1）：142-148.
[65] 方红，章权兵，韦穗. 基于亚高斯随机投影的图像重建方法. 计算机研究与发展，2008，（8）：1402-1407.
[66] Natarajan B K. Sparse approximate solutions to linear systems. Siam Journal on Computing，1995，24（2）：227-234.
[67] Chartrand R. Exact reconstruction of sparse signals via nonconvex minimization. IEEE Signal Processing Letters，2007，14（10）：707-710.
[68] Chartrand R，Yin W. Iteratively reweighted algorithms for compressive sensing. IEEE International Conference on Acoustics，2008：3869-3872.
[69] Bekta S，Iman Y. The comparison of L1 and L2-norm minimization methods. International Journal of Physical Sciences，2010，5（11）：1721-1727.
[70] Zibulevsky M，Elad M. L1-L2 Optimization in signal and image processing. IEEE Signal Processing Magazine，2010，27（3）：76-88.
[71] Mallat S G，Zhang Z. Matching pursuits with time-frequency dictionaries. IEEE Transactions on Signal Processing，1993，41（12）：3397-3415.
[72] 刘亚新，赵瑞珍，胡绍海，等. 用于压缩感知信号重建的正则化自适应匹配追踪算法. 电子与信息学报，2010，32（11）：2713-2717.
[73] Zermelo E. The calculations of tournament-results in a maximum probability calculation problem. Mathematische Zeitschrift，1929，29：436-460.
[74] Donoho D L. For most large underdetermined systems of equations，the minimal 1-norm near-solution approximates the sparsest near-solution. Communications on Pure and Applied Mathematics，2006，59（7）：907-934.

[75] Needell D，Vershynin R. Signal recovery from incomplete and inaccurate measurements via regularized orthogonal matching pursuit. IEEE Journal of Selected Topics in Signal Processing，2007，4（2）：310-316.

[76] Needell D，Tropp J A. CoSaMP：Iterative signal recovery from incomplete and inaccurate samples. Applied and Computational Harmonic Analysis，2008，26（3）：301-321.

[77] Daubechies I，Devore R，Fornasier M，et al. Iteratively reweighted least squares minimization for sparse recovery. Communications on Pure and Applied Mathematics，2010，63（1）：1-38.

[78] 孙玉宝，肖亮，韦志辉，等. 基于Gabor感知多成份字典的图像稀疏表示算法研究. 自动化学报，2008，34（11）：1379-1387.

[79] Candes E J，Demanet L. The curvelet representation of wave propagators is optimally sparse. Communications on Pure and Applied Mathematics，2004，58（11）：1472-1528.

[80] Tang G，Ma J W，Yang H Z，et al. Seismic data denoising based on learning-type overcomplete dictionaries. 应用地球物理（英文版），2012，9（1）：27-32.

[81] Yaghoobi M，Blumensath T，Davies M E. Dictionary learning for sparse approximations with the majorization method. IEEE Transactions on Signal Processing，2009，57（6）：2178-2191.

[82] Lee T S. Image representation using 2D Gabor wavelet. IEEE Transactions on Pattern Analysis and Machine Intelligence，1996，18（10）：959-971.

[83] Irino T，Patterson R D. A time-domain，level-dependent auditory filter：The gammachirp. Journal of the Acoustical Society of America，1997，101（1）：412-419.

[84] Katsiamis A G，Drakakis E M，Lyon R F. Practical gammatone-like filters for auditory processing. Eurasip Journal on Audio Speech and Music Processing，2007，(881)：1-15.

[85] Strahl S，Mertins A. Sparse gammatone signal model optimized for English speech does not match the human auditory filters. Brain Research，2008，1220（2）：224-233.

[86] Gribonval R，Nielsen M. Sparse representations in unions of bases. IEEE Transactions on Information Theory，2004，49（12）：3320-3325.

[87] Tropp J A. Just relax：Convex programming methods for identifying sparse signals in noise. IEEE Transactions on Information Theory，2009，55（2）：917-918.

[88] Tropp J A，Dhillon I S，Heath R W，et al. Designing structured tight frames via an alternating projection method. IEEE Transactions on Information Theory，2005，51（1）：188-209.

[89] Strohmer T，Heath R W. Grassmannian frames with applications to coding and communication. Applied and Computational Harmonic Analysis，2003，14（3）：257-275.

[90] Olshausen B A，Field D J. Sparse coding with an overcomplete basis set：A strategy employed by V1? Vision Research，1997，37（23）：3311-3325.

[91] Sardy S，Bruce A G，Tseng P. Block coordinate relaxation methods for nonparametric wavelet denoising. Journal of Computational and Graphical Statistics，1999，9（2）：361-379.

[92] Dattorro J. Convex Optimization and Euclidean Distance Geometry. Palo Alto：Meboo Publishing，2005.

[93] Smith E，Lewicki M S. Efficient coding of time-relative structure using spikes. Neural Computation，2005，17：19-45.

[94] Lewicki M S. Efficient coding of natural sounds. Nature Neuroscience，2002，5（4）：356-363.

[95] Pichevar R，Najaf-Zadeh H，Thibault L. A biologically-inspired low-bit-rate universal audio coder. Audio Engineering Society Convention，2007.
[96] Bradley A P，Wilson W J. Automated analysis of the auditory brainstem response using derivative estimation wavelets. Audiology and Neurotology，2005，10（1）：6-21.
[97] Fan J，Rao Z. A new implementation of the molecular replacement method using a six-dimensional patterson vector search. Journal of Synchrotron Radiation，2001，8（3）：1051-1053.
[98] Fong C L，Saunders M. LSMR：An iterative algorithm for sparse least-squares problems. Siam Journal on Scientific Computing，2011，33（5）：2950-2971.
[99] Qin Y，Mao Y F，Tang B P. Vibration signal component separation by iteratively using basis pursuit and its application in mechanical fault detection. Journal of Sound and Vibration，2013，332：5217-5235.
[100] Hirose Y，Komaki F. An extension of least angle regression based on the information geometry of dually flat spaces. Journal of Computational and Graphical Statistics，2010，19（4）：1007-1023.
[101] Figueiredo M A T，Nowak R D，Wright S J. Gradient projection for sparse reconstruction：Application to compressed sensing and other inverse problems. IEEE Journal of Selected Topics in Signal Processing，2007，1（4）：586-597.
[102] Paige C C，Saunders M A. LSQR：An algorithm for sparse linear equations and sparse least squares. ACM Transactions on Mathematical Software，1982，8（1）：43-71.
[103] Cichocki A，Zdunek R，Amari S I. Csiszár's divergences for non-negative matrix factorization：Family of new algorithms. Independent Component Analysis and Blind Signal Separation，International Conference，2006：32-39.
[104] Cichocki A，Amari S. Families of alpha-beta-and gamma-divergences：Flexible and robust measures of similarities. Entropy，2010，12（6）：1532-1568.
[105] 余南南，邱天爽. 压缩传感条件下红外和可见光图像融合技术的研究. 信号处理，2012，28（5）：692-698.
[106] Chandola V，Banerjee A，Kumar V. Anomaly detection：A survey. ACM Computing Surveys，2009，41（3）：75-79.
[107] Huang J，Kalbarczyk Z，Nicol D M. Knowledge discovery from big data for intrusion detection using LDA. IEEE International Congress on Big Data. 2014：46-50.
[108] 郑黎明，邹鹏，韩伟红，等. 基于 filter-ary-sketch 数据结构的骨干网异常检测研究. 通信学报，2011，32（12）：151-160.
[109] Xie M，Han S，Tian B，et al. Anomaly detection in wireless sensor networks：A survey. Journal of Network and Computer Applications，2011，34（4）：1302-1325.
[110] 钱叶魁，陈鸣，叶立新，等. 基于多尺度主成分分析的全网络异常检测方法. 软件学报，2012，23（2）：361-377.
[111] 郑黎明，邹鹏，贾焰，等. 网络流量异常检测中分类器的提取与训练方法研究. 计算机学报，2012，35（4）：719-729.
[112] Eskin E，Arnold A，Prerau M，et al. A geometric framework for unsupervised anomaly detection//Applications of Data Mining in Computer Security. New York：Springer，2002：

77-101.

[113] Kruegel C，Vigna G，Robertson W. A multi-model approach to the detection of web-based attacks. Computer Networks the International Journal of Computer and Telecommunications Networking，2005，48（5）：717-738.

[114] Stolfo S J，Apap F，Eskin E，et al. A comparative evaluation of two algorithms for windows registry anomaly detection. Journal of Computer Security，2005，13（4）：659-693.

[115] Perdisci R，Ariu D，Fogla P，et al. McPAD：A multiple classifier system for accurate payload-based anomaly detection. Computer Networks the International Journal of Computer and Telecommunications Networking，2009，53（6）：864-881.

[116] Schölkopf B，Platt J C，Shawe-Taylor J. Estimating the support of a high-dimensional distribution. Neural computation，2001，13：1443-1471.

[117] Park J，Kang D，Kim J，et al. SVDD-based pattern denoising. Neural Computation，2007，19（7）：1919-1938.

[118] Tsang C H，Kwong S，Wang H L. Genetic-fuzzy rule mining approach and evaluation of feature selection techniques for anomaly intrusion detection. Pattern Recognition Letters，2007，40：2373-2391.

[119] Mahadevan V，Li W，Bhalodia V，et al. Anomaly detection in crowded scenes. IEEE Conference on Computer Vision and Pattern Recognition，2010：1975-1981.

[120] Qiu H，Eklund N，Hu X，et al. Anomaly detection using data clustering and neural networks. IJCNN 2008，2008，95（3）：3627-3633.

[121] Heard N A，Hand D J. Bayesian anomaly detection methods for social networks. Annals of Applied Statistics，2010，4（2）：645-662.

[122] Teng H S，Chen K，Lu C Y. Security audit trail analysis using inductively generated predictive rules. Sixth Conference on Artificial Intelligence Applications，1990：24-29.

[123] Gupta M. Context-aware time series anomaly detection for complex systems. Workshop Notes，2013.

[124] Yoo T S，Garcia H E. An anomaly detection and isolation scheme with instance-based learning and sequential analysis. America Nuclear Society，2006.

[125] Mabu S，Chen C，Lu N，et al. An intrusion-detection model based on fuzzy class-association-rule mining using genetic network programming. IEEE Transactions on Systems Man and Cybernetics Part C，2011，41（1）：130-139.

[126] Srinoy S，Kurutach W，Chimphlee W，et al. Intrusion detection via independent component analysis based on rough fuzzy. Wseas Transactions on Computers，2006，5（1）：43-48.

[127] Srinoy S，Chimphlee W，Chimphlee S，et al. An approach to solve computer attacks based on hybrid model. Wseas Transactions on Computers，2006，5（6）：1280-1284.

[128] Hodge V J，Austin J. A Survey of outlier detection methodologies. Artificial Intelligence Review，2004，22（2）：85-126.

[129] Burbeck K. Current research and use of anomaly detection. IEEE International Workshops on Enabling Technologies：Infrastructure for Collaborative Enterprise，2005.

[130] Markou M，Singh S. Novelty detection：A review—part 1：Statistical approaches. IEEE

Fransactions on Signal Processing，2003，83（12）：2481-2497.
[131] Meinshausen N，Yu B. LASSO-type recovery of sparse representations for high-dimensional data. Annals of Statistics，2009，37（1）：246-270.
[132] Bickel P J，Ritov Y A，Tsybakov A B. Simultaneous analysis of LASSO and Dantzig selector. Annals of Statistics，2009，37：1705-1732.
[133] Efron B，Hastie T，Johnstone I，et al. Least angle regression. Annals of Statistics，2004，32：407-499.
[134] 李锋，卢一强，李高荣. 部分线性模型的 Adaptive LASSO 变量选择. 应用概率统计，2012，28（6）：614-624.
[135] Zhang H H，Lu W B. Adaptive LASSO for cox's proportional hazards model. Biometrika，2007，94（3）：691-703.
[136] Meier L，Geer S V D，Bühlmann P. The group lasso for logistic regression. Journal of the Royal Statistical Society，2008，70（1）：53-71.
[137] Das V，Pathak V，Sharma S，et al. Network intrusion detection system based on machine learning algorithms. International Journal of Computer Science and Information Technology，2010，2（6）：138-151.
[138] 穆成坡，黄厚宽，田盛丰. 入侵检测系统报警信息聚合与关联技术研究综述. 计算机研究与发展，2006，43（1）：1-8.
[139] Sinclair C，Pierce L，Matzner S. An application of machine learning to network intrusion detection. Computer Security Applications Conference，1999：371-377.
[140] 田志宏，王佰玲，张伟哲，等. 基于上下文验证的网络入侵检测模型. 计算机研究与发展，2013，50（3）：498-508.
[141] Horng S J，Su M Y，Chen Y H，et al. A novel intrusion detection system based on hierarchical clustering and support vector machines. Expert Systems with Applications，2011，38（1）：306-313.
[142] Wu S X，Banzhaf W. The use of computational intelligence in intrusion detection systems：A review. Applied Soft Computing，2010，10（1）：1-35.